最新 化粧品業界大研究

化粧品業界研究会［編］

✼ はじめに

土や石の粉、植物の液などを顔や体に塗っていた太古の昔から化粧は人と共にあり、それは葬儀や戦い、生活習慣と深く結びついていた。そもそも「化粧」の「化」は、人が死んだ状態を意味し、今とは違う状態になるから「化ける」と言う。一方「粧」は、女が米の粉を塗って「装う」という意味とされる。死者の見送りや弔いに際して、化けた者を現世とおなじようにしてあげることが、化粧という言葉には込められている。つまり化粧は、人々の文化的な要素と深く結びついた行為だったのだ。

もちろん、本書で取り上げるのは、そのような文化的な意義についてではない。近現代、一つの化学産業として成立した化粧についてである。化学産業の一分野として成立するのは19世紀に入ってからだ。日本では明治維新以降であったことからも分かるように、化粧品産業の成立と発展は、国の経済的な発展と深く関係している。さらに厳密に言えば、各種の化学合成の成果を化粧品として本格的に使うようになったのは1950年代以降のことだ。

現在、世界の化粧品業界をリードしているのがアメリカやヨーロッパ、そして日本の化粧品メーカーだ。しかし、厳密な意味で化粧品メーカーの売上高ランキングを作成するのは難しい。

日本では化粧品は薬事法によって安全性や品質が管理されている。薬事法は化粧品を次のように定義している。「人の身体を清潔にし、美化し、魅力を増し、容貌を変え、又は皮膚若しくは毛髪を健やかに保つために、身体に塗擦、散布その他これらに類似する方法で使用されることが目的とされている物で、人体に対する作用が緩和なものをいう」（法第2条3項）

「人の身体を清潔にする」のだからせっけんやシャンプー、歯磨きも化粧品だ。「人の身体を美化し、魅力を増し、容貌を変える」のだからファンデーションやメーキャップ製品、香水、口紅も化粧品になる。さらに「皮膚若しくは毛髪を健やかに保つ」のだから化粧水や乳液、クリーム、ヘアトニックなども化粧品になる。

化粧品をもっと厳密に定義して、たとえば美化するものだけだと考えるならば各社の企業規模などは比較しやすい。しかしシャンプーや歯磨きなど通常は「トイレタリー」と呼ばれる商品も化粧の定義に入っているために比較がややこしくなる。

そうした化粧の定義を承知していただいた上で、本書は化粧品業界の産業的側面、経営環境、流通などの基本と、最新情報を紹介する。

CONTENTS

CHAPTER 2

化粧品業界の歴史と仕組み

CHAPTER 3
化粧品業界の主な企業プロフィル …… 71

CHAPTER 4
化粧品業界のさまざまな仕事 …… 93

CHAPTER 6 化粧品業界企業データ

取材・執筆　◎　㈱うーの

カバーデザイン　◎　内山絵美［㈲釣巻デザイン室］
本文レイアウト＋DTP　◎　㈱ティーケー出版印刷

CHAPTER 1

化粧品業界はいま

CHAPTER 1

世界の化粧品ビジネス

✼国内外で競争激化！　生き残る企業は？

今、化粧品業界は大きな変換点に立っている。世界の大手化粧品メーカーが、有力ブランドの買収を相次いで行い、業界の再編が進んでいる。市場が成熟している東ヨーロッパや西ヨーロッパ、北アメリカ、でも市場は拡大しているが、特に顕著なのがラテンアメリカ、アジア、アフリカなどだ。

国内では、百貨店・専門化粧品店を中心とする従来の流通・販売構造が、ドラッグストアやコンビニエンスストア、インターネットを中心とする構造へと変わり、国際競争は激しくなるばかりである。

イギリスの調査会社ユーロモニターによると、化粧品（カラーコスメ、香水、スキンケア、日焼け止め、ヘアケアの合計）の2017年の世界市場規模（小売販売額）は3248億1370万ドルだった。前年比5・5％伸長している。トップは仏ロレアルグループ、次いで英蘭ユニリーバ、米プロクター・アンド・ギャンブル（P&G）と続く。国内メーカーは資生堂が世界シェア6位（3・1％）、花王が10位（1・9％）だった。

化粧品は、他の工業製品とは違い、それなりの物を安く大量につくれば売れるというものではない。「美」を実現する商品には、文化性や情緒性、イメージといった数字ではとらえられない定性的な魅力が必要だ。それは裏を返せば、化粧品メーカーには、文化や情緒についての深い理解が必要で、それが事業の前提にもなっているともいえる。

もちろん、無駄のない、価格の安い製品を生み出すための努力は必要だ。そのうえで文化への深い理解を備えた企業だけが生き残っていけるのである。

✲ 世界のトップ企業概要

●ロレアルグループ

フランスのロレアルグループは、紛れもなく世界最大の化粧品メーカーで、その売上高は専業メーカーでありながら3兆円を超えている。

1907年に創業し、現在では「ロレアル」「ケラスターゼ」「ランコム」「ジョルジュ・アルマーニ」「ラルフ・ローレン」など32にものぼる国際ブランドを持ち、世界140カ国で、約8万2900人の従業員を抱える。世界では、「ランコム」などを傘下におさめて世界最大にのし上がった。

●ユニリーバ

ユニリーバはイギリスとオランダの両方に本社を置く家庭用品の大手メーカー。1890年代に創業された石けん会社「リーバ・ブラザーズ」とオランダのマーガリン会社「マーガリン・ユニ」が1930年に合併して発足した。紅茶の「リプトン」「ブルックボンド」が有名で、化粧品では「ラックス」「ドーブ」ブランドで知られる。世界190カ国で販売され、約18万人の従業員がいる。

●プロクター&ギャンブル

プロクター&ギャンブルは、世界最大の日用品メーカー。化粧品だけでなく、各種の洗剤、トイレットペーパーやおむつ、ペットフードなどありとあらゆるものを扱っている。

近年では、カミソリメーカーとして有名なジレット社を買収して話題になった。化粧品では「SK-II」「イリューム」といった世界ブランドを持っている。1837年の創業で、世界180カ国に事業拠点を持ち、約11万人の従業員を抱える。

●エスティローダーグループ

エスティローダーは化粧品専業。1964年に万能クリームなどで創業した。「エスティローダー」「アラミス」「クリニーク」「ドナカラン」「マック」などのブランドを持っている。

世界150カ国に販売拠点を置き、約3万2000人の従業員がいる。乳がん撲滅をめざす検診促進活動「ピンクリボン運動」を始めた企業としても有名だ。

●コルゲート

コルゲートは一般消費財メーカー。日本にはなじみがあまりないが、コルゲート・パーモリーブが所有する口腔衛生用品ブランド。歯磨剤の代名詞として知られる。

●ジョンソン・エンド・ジョンソン

ジョンソン・エンド・ジョンソンは、医薬品や医療機器・診断薬などを軸とする企業。化粧品メーカーというよりも「トータルヘルスケア・カンパニー」と表現したほうがよいかもしれない。消費者向けの製品では「バンドエイド」「リステリン」などで知られ、ベビーのスキンケア商品に定評がある。世界60カ国に250以上のグループ会社を持ち、従業員数は約12万7000人。

●バイヤスドルフ

バイヤスドルフは、1882年創業の化粧品と家庭用品メーカー。絆創膏で有名だが、同社のトップブランドがハンドクリームの「ニベア」。制汗剤の「エイト・フォー」も広く知られている。日本には花王との合弁会社「ニベア花王」があり、ニベアやエイトフォーの他「アトリックス」ブランドの商品を販売している。世界のグループ会社従業員は約1万7000人。

●モエ・ヘネシー・ルイ・ヴィトン（LVMH）

ルイ・ヴィトンとモエ・ヘネシーが1987年に合併して誕生した。ファッション、化粧品、香水、ジュエリーなど60近くのブランドビジネスの頂点に立つ。化粧品は「ディオール」「ゲラン」「ベネフィット」などの高級ブランドが揃う。免税店のDFSグループを傘下に持つ。

世界にはこの他にも、私たちに聞き覚えのある化粧品メーカーは多い。たとえばモエ・ヘネシーと並ぶフランスを代表するブランド企業であるシャネルがある。アメリカにはレブロン、ボディ・ショップ、ギャップなどがある。

変わったところではドイツの刃物メーカーとして有名なヘンケルのグループ企業であるヘンケルKGAAなどがある。

CHAPTER 1

日本の化粧品産業の現状

✿インバウンド需要が絶好調

富士経済の調査報告によると、化粧品の国内市場は15年以降、対前年比3％を超える勢いで拡大している。18年は対前年比4％増の2兆7858億円が見込まれている。経済産業省の「化学工業統計」では1兆6325億円（29年度）とされている。これに外資系メーカーの販売額を加えると前述した2兆7858億円の規模になる。

インバウンド（訪日外国人）需要が拡大しているのが大きな要因である。日本での販売価格が、海外での販売価格より安い内外価格差があるので、インバウンドが伸びているのだ。さらに時短ケア（スキンケアのモイスチャーに含まれるオールインワンゲルとベースメイクのファンデーションに含まれるB B・CC訴求アイテム）の根強い需要と、美容意識の高まりから複数品目を使用したケアやメイクに対しての需要が回復してきたことが市場拡大を後押ししている。

化学工業統計では、化粧品について項目別の販売額もまとめている。それによると最も販売額が多いのが化粧水で約1642億円。次いで美容液が約1433億円、ファンデーションが約1300億円。またシャンプーが約1110億円の市場をつくっている。当然のことながら、いわゆる基礎化粧品が産業としての基礎的な商品となっている。

✿日本には化粧品会社が何社ある？

国内にどれほどの化粧品メーカーがあるのだろうか。実は正確にはつかめていない。経済産業省の「工業統計表」と数百事業所しかないが、業界団体である日本化粧品工業連合会には約1210社（18年4月現在）が加盟している。一口にメーカーといっても、独自の商品をつくるのではなく化粧品の原料だけを提供している会社も多いからだ。

独自のブランドで化粧品を販売しているメーカーの売上高を調べてみたのが18ページの表だ。ちなみに「製造・販売しているメーカー」ではなく、「販売しているメーカー」と書いたのは、化粧品業界では自前の工場を持たず、商品は製造受託メーカーに任せ、独自のブランドをつけて販売するケースが多いからである。これも化粧品業界の大きな特徴の一つといえる。

世界の化粧品メーカーランキングと同じように、売上高の中に栄養食品やボディーウェアの売上高などを含んでいる企業もあり、全てを単純に比較できるわけではない。だが、大まかに国内の主要な化粧品メーカーを知ることができるだろう。

国内でトップに立つのが資生堂。売上高1兆円規模は、世界のトップクラスに入る。花王グループが

◎日本で化粧品をつくる会社の数は？

中分類	出荷額（百万円）	事業所数
仕上用・皮膚用化粧品製造業	1,309,010	279
頭髪用化粧品製造業	308,068	104
その他の化粧品・歯磨・化粧用調整品製造業	178,663	91
品目分類	**産出金額（百万円）**	**事業所数**
香水、オーデコロン	2,468	35
ファンデーション	124,505	95
おしろい	32,284	52
口紅、ほお紅、アイシャドー	145,416	82
クリーム	138,833	190
化粧水	228,526	239
乳液	106,809	123
その他の仕上用・皮膚用化粧品	285,246	229
シャンプー、ヘアリンス	196,420	228
養毛料	16,476	54
整髪料	68,401	69
その他の頭髪用化粧品	183,005	134
その他の化粧品・調整品	131,132	180

出所：2015年工業統計事業所 ※数は品目別の累計で重複があります。

約1兆5400億円（化粧品部門5860億円）である。ただ、先にも触れたように、化粧水や美容液、ファンデーションのような通常イメージされる「化粧品」だけではなく、シャンプー類なども薬事法では化粧品と定義されるので、こうした売上高の中身は企業によって異なる。例えば、化粧品専業である資生堂と、花王グループの違いのように、事業内容を把握したうえで企業研究を進めるべきだろう。

表を見ると、一度は聞いたことのある会社名が多い。独自の個性的な化粧品で勝負しているメーカーが多いのだ。たとえばホーユー。名古屋に本社を置く会社だが、社名を知っている人は多くはないと思われる。だが、毛染め剤の「ビゲン・ヘアカラー」と聞けば納得がいくはずである。また再春館製薬。熊本の会社だが、「ドモホルンリンクル。まずはサンプルをご請求ください」というCMと、バトミントンの山口茜選手の所属先として知名度はアップしている。

✻ 老舗VS新興企業の競争

株式を公開している、いわゆる上場企業が、一般向けの化粧品を製造・販売しているのではない。たとえば、ミルボンは美容室に卸すヘアケア商品を中心にしたメーカーであり、日本色材工業研究所は化粧品の受託製造を専門としている。

日本の化粧品業界の大きな特徴は、上位企業が大きなシェアを占めていることだ。業界動向サーチの国内の化粧品売上高シェア推定によると、資生堂がトップで12・9%、次いで花王グループ（12・0%）、コーセーグループ（8・3%）、ポーラ・オルビスグループ（5・3%）と続く。この上位4社で4割近くを占めている。

その一方で化粧品業界は、ユニークなアイデアと個性で独自のブランドを立ち上げてくる新興勢力の多い業界だ。だが反面では、上位グループによる寡占化が進み、新興勢力がもう一歩大きくなれないという特徴を持っている業界でもある。

◎国内の主な化粧品メーカー

社 名	売上高（億円）	主な販売形態	特徴他
資生堂	10900(予)	店舗	東証1部。化粧品国内最大手
花王	15400(予)	店舗	東証1部。カネボウ化粧品を子会社に持つ
コーセー	3250(予)	店舗	東証1部。コンビニから百貨店まで幅広い商品展開
ポーラ・オルビスHD	2530(予)	店舗・訪販	東証1部。化粧品4位
日本メナード化粧品	514	訪販	非上場。ポーラ、ノエビアと訪販御三家
ノエビアHD	578	訪販	東証1部。訪販を中心に高級基礎化粧品を展開
マンダム	800(予)	店舗	東証1部。「ギャッツビー」等、男性化粧品でトップクラス
DHC	1082	通販	非上場。健康食品部門でも有名
ファンケル	1220(予)	通販・店舗	東証1部。通販主体の無添加化粧品
アルビオン	669	店舗	非上場。百貨店、専門店向け高級化粧品
ホーユー	497	店舗	非上場。ヘアカラー「ビゲン」「シエロ」
オージオ(ベルーナ)	85(予)	通販	非上場。アンチエイジング商品が主力
エイボン・プロダクツ		通販	非上場。通販主体
ナリス化粧品	241	訪販・店舗	非上場。創業80年を超える老舗
シーズHD	590(予)	通販・店舗	東証1部。「ドクターシーラボ」シリーズが柱
再春館製作所	302	通販	非上場。「ドモホルンリンクル」が有名
ミルボン	347(予)		東証1部。美容室向けヘアケア商品が主力
ハウスオブローゼ	143(予)	店舗	東証1部。百貨店等で天然由来の化粧品を販売
伊勢半		店舗	非上場。文政8年(1825年)創業
ヴァーナル		通販	非上場。洗顔石鹼に強み
ちふれHD	188	店舗	非上場。手ごろな価格の商品を開発
オッペン化粧品		訪販・通販	非上場。通販事業も開始
アスカコーポレーション		通販	非上場。通販で急成長を遂げた
ハーバー研究所	194(予)	通販	JASDAQ。無添加主義の商品
シャンソン化粧品		訪販	非上場。女子バスケチームも有名
ザ・プロアクティブカンパニー		通販	非上場。ニキビケア商品で有名
日本色材工業研究所	114(予)		JASDAQ。化粧品のOEM事業
ウテナ	110	店舗	非上場。スキンケア、ヘアケア商品に強み
アイビー化粧品	45(予)	訪販	JASDAQ。高級スキンケア中心
御木本製薬	55	訪販	非上場。真珠エキスから化粧成分の抽出
コタ	70(予)		東証1部。美容室向けヘア化粧品製造
フォーシーズHD	22	通販	東証2部。IT発祥の企業
シーボン	127(予)	訪販	東証1部。高級スキンケア商品の販売・製造
アジュバンコスメジャパン	53		東証1部。美容室向け化粧品

注：売上高を確認できたメーカーのみ掲載。売上高は原則として2018年度。各社の売上高には、シャンプーなどのトイレタリーが含まれているケースがあり、企業の事業別開示情報のまま掲載している。また、オルビス、オージオには栄養食品などの売上高も含まれている。また一部の通販会社は、判明している通販の売上高のみを計上。したがって、売上高がそのまま化粧品販売額のランキングにはならない。

（出所）各種資料より筆者作成

CHAPTER 1

化粧品ビジネスの魅力

✻ 時代に呼応するマーケット

日本の化粧品業界は女性の社会進出に伴って拡大し、市場は経済成長期までは急勾配を描いて成長してきたが、１９９７年あたりから鈍化した。91年のバブル崩壊の影響はあまり受けていない。それ以降、安定した伸びを見せていたが、２００８年のリーマンショックにより、09年の出荷額は１・39兆円に低下した。

好調になったのは13年ごろからのインバウンド需要増加である。経済産業省が日本準産業分類に基づき、委託生産を含む従業員30人以上の企業に対して行っている生産動態統計によると、２０１７年度の化粧品出荷額は1兆６３２５億４４７４万円だ。

その前の４年間の出荷額をみると、２０１３年が１兆４２７０億円、２０１４年が１兆４８３８億円、２０１５年が１兆５０２５億円、２０１６年が１兆５２０５億円。小さな幅で揺れ動いているのがわかる。

このように大きな成長は期待できないマーケットだが、一度ブームが起きれば安定感の中で３～５％拡大するのが化粧品ビジネスの特徴ともいえる。新たなブームは新たな市場を開拓する。安定市場とはいえ、化粧品産業は時代に呼応しながら変貌する魅力的なビジネスといえるだろう。

✻ 化粧品ビジネスが楽しい理由

日本の化粧品マーケットは過去20年来、微増減を繰り返す安定的な市場だが、反面、働く人々が夢中になるダイナミズムがある。それは景気が絶好調であろうと絶不調であろうと、常にヒット商品が生まれ、定着する可能性があるという点だ。

バブル景気の頃に始まった高級化粧品ブームは景気が後退しても消失することはなかった。50グラム数万円の化粧品はすっかり定着したのである。また90年代、高校生を中心に沸騰した男性化粧品ブームは現在も伸び盛りの市場だ。当時の高校生が働き手になって可処分所得が増え、さらに家庭を形成して2代目に受け継がれた。親の世代より化粧に違和感がなくなった少年たちは今もどんどん拡大している。

このように化粧人は人々の暮らしの一部となり、ヒットし、カルチャーとして認められる。商品開発はもとより、パッケージや容器のデザイン、広告などの訴求力、店頭の発信力……それらすべてがヒットにつながる要因になることは、化粧品業界で成功を目指す人にとって何よりの魅力だろう。

自分が携わった商品が多くの人々に使われ、多くの笑顔をつくり、時代を代表するブランドになって国境を渡る。これぞ、暮らしのエッセンスである化粧品ビジネスのダイナミズムだ。

◎工業統計・化粧品（単位：kg）

年	生産	受入	出荷				在庫
			販売			その他	
			個数（10個）	数量	金額（千円）		
2013年	374,539,003	95,529,414	273,854,833	426,007,400	1,427,027,761	43,107,042	50,328,775
2014年	r410,294,677	104,678,597	r287,911,275	r458,970,453	r1,483,890,621	r46,391,785	r58,063,109
2015年	r403,079,393	97,670,875	r288,267,424	r451,244,578	r1,502,526,839	r49,849,988	r55,836,810
2016年	r421,605,858	71,671,283	r288,925,847	r435,567,753	r1,520,605,322	r56,437,453	r53,468,012
2017年	434,065,988	82,876,232	300,513,743	450,523,766	1,632,544,746	59,216,625	59,604,678

※化粧品の返品については、再び出荷する時、①返品されたものであることが区分出来る場合は、受入及び出荷のその他に含め、②返品されたものであるか区分出来ない場合は、当月の販売から当月の返品を控除している。

CHAPTER 1

品質も市場も「世界の日本」

✲輸出額2000億円を突破

民族の儀式や風習と結びついている化粧は、古くから日本でも行われていたが、一般の人が日常生活の中で行う化粧のルーツはやはり欧州だ。

日本は、ファッションや食生活などの西洋文化と同様、開国と同時に西洋の化粧法や化粧製造法を輸入することになった。そのため、化粧品ビジネスは当然のように輸入超過であった。

ところが技術的に欧米と比肩し、ことさら品質において世界で評価を得るようになった近年、輸出入の格差がなくなってきている。財務省貿易統計による化粧品の輸出入金額については、輸出、輸入のいずれも長期に渡り増加傾向にあったが、統計開始以来、輸入金額が輸出金額より多い状態だった。しかし、15年から輸出金額が急増し16年に初めて輸出金額が輸入金額を超え、さらに2017年は輸出金額が輸入金額の1・5倍となっている。

輸出先は、香港、中国、韓国、シンガポールなどの伸びが目立つ。特に2016年からは香港、中国向けが急上昇している。一方、輸入国では、フランス、アメリカ、タイが上位を占めている。

✲堅調な成長続く中国市場

2000年代に入って消費者の低価格志向が強まり、低価格商品にシフトした感があった。とはいえ、消費者の目は厳しい。品質が劣ると思われれば、いくら安い商品でも見向きもされない。それ故に、海外での競争力は高いと評価を受けているのだろう。

日本の化粧品メーカーは、高い品質をバックに世界の市場で挑戦を続けている。日本メーカーが参加してグローバルな競争が続いているのは世界ナンバーワン市場のアメリカと、市場拡大が続き、同質の肌質を持ち、世界でいちばん女性がいるアジアだ。

アジアでは中国市場が大きなターゲットになっている。1981年、日本メーカーで初めて参入したのが資生堂だが、88年、現地生産を開始したのはコーセーが先だった。その後、カネボウや花王が続いた。

現地では日本のブランドと言えば「ソニー、トヨタ自動車、資生堂」というほど認知されている。実際、資生堂の売上げに占める海外事業の割合は57・9%。そのうち中国事業は14・3%だ。13年の反日デモによる影響で大幅な売上げ不振に陥っていたが、現在は回復基調に入っている。近年は高価格帯の伸び率が高い。

コーセーも中国で活発だ。特に「雪肌精」は大ヒット。2010年代、訪日観光客の間で「雪肌精」が一大ブームとなっている。16年9月にはグローバル戦略型商品「雪肌精MYV（みやび）」を発売。アジア各国の旗艦店を中心に「雪肌精グローバルカウンター」を設け、グローバルブランドとしての存在感をアピールしていく。

現在花王グループの中国事業はスキンケアの「フリープラス」とメーキャップの「KATE」が2本柱。価格は2000~4000円の中価格帯が中心だ。今後、グループの旗艦ブランド「SENSAI」に投入する計画で、高価格帯を強化することで品揃えを拡大していく。

✲電子商取引(EC)への対応

中国では電子商取引の比重が高まっている。16年のEC市場は約83兆円。前年比25%増加し、米国を超え世界最大の市場になった。特に若年層のEC利用が活発で、その対応策が急務となっている。

資生堂ではサイト上の動画作成やアプリ制作、広告を手がけている。Tモールで生放送で専門店ブランド「ピューア&マイルド」の商品発表会を行ったことで、同ブランドの販売は3倍に伸びたという。

実店舗とECの顧客層は重なってない。同社はECで新しい顧客を獲得し、その後実店舗への誘導を図る考えだ。

✼ 欧米開拓はジャパンテイスト

欧米のメーキャップ市場（17年）は仏ロレアルがいずれもシェア3割を超える。資生堂はアメリカで5・48％、フランスで1・88％を占めるに過ぎない。

米国市場で伸び悩んでいるのは理由がある。日本を含むアジアの化粧品市場はスキンケア主体だが、米国はメーク主体。米国市場で消費者にインパクトを与える品揃えが薄かったという事情もあると言われている。

そこで18年、「ＳＨＩＳＥＩＤＯ」ブランドのメーキャップをリニューアルした。主導するのは10年に買収したベアエッセンシャルなどを軸とした米国法人。市場を知る開発陣がコンセプトやデザインを決め、東京が成分の調合や量産を担った。

商品の特徴は「軽い質感」と「なにもつけていないような付け心地」。鮮やかな色調やなまめかしい艶で個性を主張する欧米のメーキャップブランドと一線を画す。和食や茶道に通底するムダをそぎ落とした、引き算の美学を訴求した。

米国ではナチュラルな日本製化粧品が美容トレンドとして注目されている。実際、米国への輸出は急増している。17年の輸出額は１７１億円。過去3年で1・5倍に増え、18年は２００億円を超えると予想されている。

日本メーカーがそれまで攻めあぐねていた欧州でも攻勢を強めている。花王グループが欧州へ投入するのはリニューアルする「ＳＥＮＳＡＩ」。日本原産の蚕から得られる絹糸を全成分むに配合する。ボトルも絹織物のような波形を刷り込み日本美を前面に打ち出した。

コーセーの海外進出は97年の台湾を皮切りに、香港、シンガポール、韓国、マレーシア、タイ、中国へと展開。同社のハイプレステージブランド「コスメデコルテ」を柱として、12年に、アジア圏以外では初めてイタリアに進出。17年にイギリスへと展開国を拡げている。

◎2015年化粧品輸出額対前年地域別比較表（単位：千円）

仕向地	平成27年	平成26年	比較増減（△）	増減率（△）%	対総額構成比%
香港	53,555,171	30,607,514	22,947,657	75.0	25.8
中華人民共和国	36,416,663	22,376,351	14,040,312	62.7	17.5
台湾	35,703,694	28,790,524	6,913,170	24.0	17.2
大韓民国	24,381,032	19,695,420	4,685,612	23.8	11.7
シンガポール	14,518,584	12,026,272	2,492,312	20.7	7.0
アメリカ合衆国	13,349,120	11,104,089	2,245,031	20.2	6.4
ドイツ	6,656,954	6,918,977	△262,023	△3.8	3.2
タイ	6,007,888	4,596,532	1,411,356	30.7	2.9
フランス	2,063,526	2,217,273	△153,747	△6.9	1.0
ベトナム	2,056,523	1,072,891	983,632	91.7	1.0
マレーシア	1,922,656	1,958,282	△35,626	△1.8	0.9
ロシア	1,594,106	2,066,108	△472,002	△22.8	0.8
インドネシア	1,588,162	732,350	855,812	116.9	0.8
英国	1,411,459	2,331,291	△919,832	△39.5	0.7
カナダ	1,239,003	678,077	560,926	82.7	0.6
ベルギー	987,158	1,030,411	△43,253	△4.2	0.5
オーストラリア	832,320	635,266	197,054	31.0	0.4
スイス	627,986	645,959	△17,973	△2.8	0.3
オランダ	465,265	267,708	197,557	73.8	0.2
フィリピン	337,120	231,837	105,283	45.4	0.2
アラブ首長国連邦	272,393	276,392	△3,999	△1.4	0.1
ニュージーランド	177,010	146,373	30,637	20.9	0.1
ミャンマー	171,550	190,486	△18,936	△9.9	0.1
モンゴル	171,129	131,914	39,215	29.7	0.1
マカオ	130,483	116,712	13,771	11.8	0.1
サウジアラビア	101,404	125,525	△24,121	△19.2	0.0
スペイン	82,976	80,824	2,152	2.7	0.0
ノルウェー	73,996	53,923	20,073	37.2	0.0
メキシコ	70,070	67,573	2,497	3.7	0.0
ポーランド	65,480	58,922	6,558	11.1	0.0
イスラエル	62,702	80,020	△17,318	△21.6	0.0
イタリア	61,652	65,966	△4,314	△6.5	0.0
フィンランド	53,825	82,468	△28,643	△34.7	0.0
その他	565,758	862461	△296,703	△34.4	0.3
合　計	207,774,818	152,322,691	55,452,127	36.4	100.0

CHAPTER 1

加熱するアンチエイジング化粧品

主役は「しわとり美容液」

女性が化粧品に求めることは「若さ」と「美しさ」だ。これを満足させるカテゴリーが「抗加齢＝アンチエイジング」化粧品である。

現在のアンチエイジング市場を牽引するのは「シワ改善化粧品」である。ポーラ・オルビスHDが、独自成分のニールワンを配合した「リンクルショット メディカル セラム」を17年1月に発売した。国内でシワ改善効果の表示は認められた商品で、初年度で約130億円を売り上げる大ヒットを記録した。

続いて手がけたのが資生堂。同年6月、中価格帯の「エリクシール」から、「純粋レチノール」を配合した美容クリームを発売。同11月には「ＳＨＩＳＥＩＤＯ」ブランド、18年2月には「ベネフィーク」からも同じ成分を配合した商品を発売した。

2社に遅れること約1年、コーセーが18年9月、最高級ブランド「コスメディコルテ」から美容液を発売した。配合したのは「ナイアシンアミド」と呼ばれるビタミンの一種。血行促進や肌荒れ改善効果が認められ。厚生労働省から効果と安全性が認められた医薬部外品として承認された。「しわ改善」は「シミ対策」や「美白」と並ぶ機能性化粧品の新ジャンルになった。

効き目実感の機能性化粧品

アンチエイジングは「抗加齢」に特化して化粧品だが、このような特別な機能を訴える化粧品＝機能性化粧品は、すべてのカテゴリーで好調だ。

富士経済によると18年のアンチエイジング市場規模は、16年比8％増の7340億円となる見通しとなっている。

中でも生産が伸びているのが薬用化粧品だ。厚生労働省の医薬部外品（医薬品と化粧品の中間的分類で、人体に対する作用の緩やかなもの）出荷量は年々増加。「薬用化粧品」と「その他の化粧品」の出荷金額を比較した場合、化粧品全体の約24％が薬用化粧品となっている。

美より健康、医師が監修した化粧品もカテゴリーに入ってきた。火付け役はマドンナら米国セレブが愛用していると伝えられたスキンケアブランド「ドクターブランド」。07年に日本上陸し、話題を呼んだ。近年では国内でも皮膚の専門家・医師が化粧品の開発に携わるドクターコスメが話題を呼んでいる。医薬品との境界では、サプリメントも強い。「美白に強い」「そばかすに効果がある」など、ターゲットを絞った〝飲む美容〟が定着し、化粧品メーカーはもちろん、医薬品メーカーも続々新製品を投入している。

◎「化粧品・トイレタリー」のマスコミ4媒体における広告費（2017年）

マスコミ4媒体	広告費（千万円）	前年比（%）	構成比（%）
地上波テレビ	21,357	94.4	78.3
雑誌	2,652	91.0	9.7
新聞	2,942	99.1	10.8
ラジオ	340	101.2	1.2
媒体合計	27,291	94.6	100

CHAPTER 1

相次ぐ異業種からの新規参入

✲ キーワードは「美」

資生堂を頂点に花王グループ、コーセーの大手3社が市場を分け合っている。そこに異業種からの参入が相次いでいる。

参入しているのは製薬や酒造、化学会社、通販・訪販系の小売業など。要するに「美」をキーワードにすれば、なにがしかの関係のある企業が、参入しているのだ。その間口は広がっている。参入の背景には、本業が頭打ちであったり、持っている経営資源を有効に活用しようとする狙いがある。

新規参入組では、一部にドラッグストアなどの販売チャンネルを確保しているメーカーもあるが、ほとんどが通信（訪問）販売。売上高もさほど大きくなく、事業として採算ラインに乗っていないケースも多くみられる。

その一方、大手3社の牙城に食い込む勢いを見せているメーカーもあり、業界勢力図に変化が生まれる可能性もはらんでいる。

✲ 異業種参入の背景を探る

化粧品市場への新規参入が相次いだ背景には、05年4月に施行された改正薬事法がある。化粧品の安全対策が、製造販売事業者に一本化されたことが大きい。つまり商品に製造元表記の義務が不要になり、化粧品製造のアウトソーシング環境が整った。

2点目は通販市場の拡大である。女性誌や美容専門誌の充実から、日本女性の化粧品に関する知識が向上したことや、インターネット上で商品の詳細が確認できるよう情報が整理されたことで、ネットショッピングが定着した。店舗を持たなくとも、メーカーから直接、消費者に届けられる流通ルートがあるからだ。

3点目は消費者の化粧品対する意識変化があげられるだろう。かつては大手化粧品メーカーに絶対的な信用力があった。また、自分に合う化粧品出会うと、なかなか別の化粧品会社のものにチェンジすることはなかった。近年では自然派化粧品やドクターズコスメなど、大手ではなくても良い化粧品があると認識する人が増えてきている。

✲富士フイルム参入の衝撃

富士フイルムが参入したのは06年9月。当時「富士フイルム・ショック」と呼ばれるほど化粧品業界に衝撃を与えた。

かつて写真用フイルム製造・販売メーカーとして市場を席巻していた同社は、デジタルカメラの普及により業績が悪化。06年に持ち株会社に移行するのに社名を「富士写真フイルム」から「写真」の2文字を削除し、新しい企業像を示す意気込みをみせた。

新規事業の1つとして決断したのが化粧品分野だった。その理由はきわめて明快だ。同社が持っている約20万種類を超える有機化合物のライブラリーと、化合物の合成技術が、化粧品や薬品に応用・活用しやすいからだ。

化粧品に応用できる技術として、コラーゲン製造や抗酸化技術などがある。人の肌の真皮の7割はコラーゲンでできている。実は写真用フィルムの主原料もコラーゲンで、写真をより美しく表現するための隠れた基盤となっている。同社はコラーゲンが劣化していくメカニズムを解明したり、逆に劣化を防ぐ技術を編み出してきた。そして、研究の過程では人と同じアミノ酸の配列を持つコラーゲンを創り出すことにも成功していた。

酸化を防ぐ技術も写真がベース。写真が色あせるのは紫外線によって酸化するのが原因だが、実は肌が老化する原因もまったく同じ。フィルムでは酸化を防止するために、ちょうど肌の角質と同じ1000分の20ミリの厚みのなかに10数層ものコラーゲン膜を作るミクロンレベルの微細な加工技術を施している。この技術を化粧品に応用すれば主要な成分を肌の奥まで届けられる。

　誕生したのはアンチエイジングのためのスキンケア製品である「アスタリフト」。当初は通販専門でスタートしたが、初年度から10億円を売り上げた。その後ドラッグストアなどに販路を広げ、今ではスキンケア化粧品分野で業界トップ5に入る商品に育っている。

✤製薬からの参入〜ゼリア新薬他

　ゼリア新薬の参入理由は富士フイルムと同じ。06年に「ZZ：CC」ブランドで美容液分野に通販で参入した。機能性化粧品成分として高純度のコンドロイチンを使っているのが特徴だ。

　コンドロイチンは人の細胞同士をつなぎ、かつ細胞の水分を保つ機能もある。歳をとると関節の動きが悪くなったり、しわができるのはコンドロイチンの減少が原因。とすればコンドロイチンを配合した化粧品づくりは、ゼリア新薬工業にとってさほど難しいことではない。

　新規参入の製薬メーカーには、大正製薬、小林製薬、ロート製薬など大衆薬メーカーが多い。これは大衆薬の売上げが頭打ちになっているのが、直接の理由だと考えられる。しかし一方、化合物についての多くの知見を持ち、化粧品に応用しやすい技術があるからだ。

✤酒メーカーからの参入〜日本盛他

　日本酒業界で最も早く参入したのは日本盛。酒造りの工程でできる米ぬかを原料としている。酒造りを担う杜氏（とうじ）には、肌のきれいな人が多いことが昔から知られていた。

　米ぬかに含まれているビタミンB1やB2、Eなどが肌のシミを薄くし、老化を防いでいるといわれる。原料は同社が作り、加工は外部メーカーに委託。日本酒メーカーには消費量が上向かない現状の中で、化粧品を通じてアピールしたいという思惑もあるようだ。

　メルシャンは葡萄ラボ（ぶどうらぼ）を設立して化粧品事業を分社化した。現在はニッセンの子会社となり、ニッセンの化粧品・健康食品の商品開発・研究・製造業務を葡萄ラボに統合し、会社名を株式会社nビューティサイエンスに変更している。

メルシャンが特許を保有しているブドウ発芽水及びブドウ由来の原料を使用した化粧品を開発。樹液を採取できるのは年間に2週間ほど。葡萄発芽水が化粧品の原料となるが、コラーゲンの産出を促進する効果は天然物のなかで最強といわれる。

酵母に着目して開発したサントリーの化粧品は、50代からの肌をターゲットにした「エーファージュ」シリーズ。化粧水、乳液など全アイテムに角膜まで働きかける「フィルリッチ酵母エキス」と、年齢肌に輝きを与える「レイズアップ酵母エキス」を配合している。また同社独自の保湿成分やハリを取り戻すためのエキスが含まれている。

✽バイオベンチャーからの参入〜ユーグレナ

ユーグレナはミドリムシを利用した製品の研究開発で知られている。同社はミドリムシを利用した機能性食品を始め、水質浄化やバイオ燃料の生産に向けた研究も行っている。

ミドリムシには必須アミノ酸全種類のビタミン14種。さらにミネラル9種を含んでいる。ミドリムシ由来の油脂成分「ワックスエステル」や新成分の加水分解ユーグレナエキスなどを使った化粧品を自社ブランド「B．C．A．D」（洗顔、化粧水、美容液など）を通信発売している。

✽流通からの参入〜イオン、セブン&アイ

イオンHDとセブン&アイHDの新規参入が注目の的になっている。

イオンは11年8月「コスメーム」を設立して小売形態専門の販売に乗り出した。また、14年9月に同社セレクト商品でPB化粧品「グラマティカル」をイオン店舗内で対面形式による販売を始めるなど化粧品分野を強化している。

セブン&アイは14年11月にファンケル化粧品と共同開発したPB化粧品「ボタニカル　フォース」シリーズを全国のセブンイレブンやイトーヨーカ堂、そごう・西武など約1万7250店で販売している。

CHAPTER 1

ＡＩの導入が進む

✼ ＡＩ活用し、顧客をつかむ

インターネット販売でミレニアム世代を取り込むため資生堂は18年6月、アプリ「ワタシプラスカラーシミュレーション」の配信を始めた。スマホで自分の顔を撮影し、選んだ商品をＡＩが顔のパーツを学習し、重ね合わせる。その顔を動かしながら確認できる。アプリで買える品揃えは「SHISEIDO」「マキアージ」など主力4ブランドの口紅、アイシャドー、チークなど３７５品種が揃う。

店頭での化粧品販売はブランドごとに売り場が設けられていることが多い。アプリでは商品カテゴリーやカラーバリエーションごとにブランドを横断して商品チェックができるなど利便性も高い。

また、同社は若年の顧客層を狙い、美容相談をメーキャップアプリ「おしえて！ビュー子」を始めて３年。スマートフォン上でアプリを立ち上げ、キャラクターのビュー子に話しかけるとＡＩがチャットで受け答えするが、ＡＩの雑談力がアップ。日常会話からメークの悩み、化粧品の使い方の悩みを引き出す役割を果たすまでになっている。利用者の悩みを見て、同社の通販サイトで買える商品を紹介する。

ポーラ・オルビスＨＤでは、ＡＩ分析を搭載した対話可能デバイス「スマートミラー」を開発したNovera（ノベラ）と共同研究を開始する。スマートミラーは、最先端のセンシング技術によって鏡を見るだけで利用者の顔の状態を自動分析し、肌やストレスに関するデータが日々蓄積されていくほか、ＡＲシミュレーションでメークやスキンケアの方法などを簡単に説明できるという。

CHAPTER 1

男性化粧品は堅調な伸び

✲伸びるスキンケア商品

富士経済は2018年「メンズコスメティックス」の売上見込を、2012年から7年連続増加の1175億円（前年比1・9％増）と発表した。

中でも、化粧品の王道であるメンズスキンケア商品が伸び始めている。肌のトラブルに悩む男性だけでなく、身だしなみとして美しくありたいという20～40代をターゲットに知恵と工夫を施している。

百貨店や専門店へ出向くにはハードルが高く、足を運べないという男性は多い。00年代に入ってインターネットが普及したのが大きな転換点になった。資生堂がメンズスキンケア市場を拡大していくにあたって重要なのは接点（入り口）を増やそうと、インターネットサイト「ワタシプラス」を開始している。そのほか、ドラッグストアに男性用コーナーができ、スキンケアやヘアケア商品を入手しやすくなったことも、コスメティック市場の拡大を後押しした。

✲「スカルプケア」商品がヒット

近年ヒットしたのはメンズスカルプケア（頭皮ケア）が通販ルートを中心に伸長したことだ。日本の成人男性の薄毛率は26％に達し、4人に1人が薄毛という調査結果がある。また、女性でも、薄毛に悩まされている人は少なくない。

スカルプケアは、頭皮の環境改善を目的とした製品が多く、シャンプーやコンディショナーのほか、地肌用のマッサージクリームや保湿ローションなど、さまざまなメーカーから発売されている。

CHAPTER 1

美容部員の再評価と人手不足

✿ 接客スキルを磨くコンテスト

インターネット通販が勢いを増す中で、店内で顧客の悩みや要望にきめ細かく対応できる対面販売は、経営的にうま味がなくなっているように見られていたこともある。

ところが、好調が続く化粧品業界にあって、美容部員による対面販売を強化する動きが出ている。その理由として考えられる1つは、高価格帯の化粧品が絶好調であることだ。取り扱っているのは百貨店や専門店など、美容部員が対面販売するブランドである。しかも、訪日外国人に人気急上昇しているのだ。日本流の「おもてなし」サービスも高評価となっている。

その影響もあって、従来は通信販売のみ行っていた化粧品メーカーが、インバウンドの増加で店頭販売を始める動きを加速している。

そこで、接客スキルや技術力を必要とする美容部員の人材育成に各メーカーとも本腰を入れ始めた。

カネボウ化粧品は16年、約5000人の国内美容部員が接客術を競うコンテストを開催した。予選を勝ち抜いてきた美容部員が一同に介し、模擬接客コンテスト。審査項目は会話力、洞察力、身だしなみなど。他の美容部員の接客方法を見て学ぶ良い機会になったようだ。

同社では同コンテストで見えた課題『説明に夢中になり、話しすぎる」「苦手な顧客のタイプをはっきり認識していない」などを整理。17年から新しい研修プログラムを作成し、2カ月に1回の頻度で約1時間半の会話力訓練と自己分析シートやグループディスカッションで苦手なタイプを自覚する研修会を開いてきた。コンテストは以降、2年に1回開催している。

資生堂は17年に5年ぶりに美容部員を対象にした接客スキルや技術を競うコンテストを実施した。コンテストには約7000人が参加。地方の予選会を経て、決勝には38人が集まった。百貨店のほか、化粧品専門店、総合スーパー、ドラッグストアと4部門に分かれ、模擬接客を行った。

従来はスキンケアやメーキャップの技能が中心に審査されたが、今回は接客技術がメインになった。「会話力」「洞察力」「観察力」など40項目で細かくチェック。限られた時間の中で、相手の心を開き、悩みや要望を引き出す。その上で、技術や商品を通じた解決が求められる。

コンテストは化粧品販売の原点に回帰することで、顧客の真のニーズを引き出す接客力を磨く機会となったという。

✼ 美容部員不足、職場環境の見直しも

百貨店や専門店に、高級価格帯の化粧品を求めて訪日外国人が増えている。特に中国人が多いという。英語はいうに及ばず、中国語などの通訳ができる美容部員が不足する事態が起きている。

しかも日本の産業界は人手不足が深刻化している。化粧品業界でも例外ではなく、特に美容部員不足が顕著だ。その背景には、職場環境も影響しているようだ。雇用が安定していないために給与水準が低い。その割には立ちっぱなしの重労働で、残業も多い。そのため離職率が高い。そこで各社とも美容部員の制度改革に着手している。

コーセーは2014年から臨時雇用者の正社員化に力を入れている。2018年3月末時点では、美容部員の約9割を正社員が占めるようになっている。

資生堂は16年、美容部員の正社員採用を11年ぶりに再開した。同時に美容部員のうち契約社員を正社員に登用する試験を行った（希望者のみ）。17年には全員がキャリア面談を受ける制度を導入、キャリア支援を行っている。現在、美容部員の正社員比率は8～9割に高まっている。

CHAPTER 2

化粧品業界の歴史と仕組み

CHAPTER 2

化粧の発祥

❀アルタミラ洞窟から出土した赤い人骨

21世紀の現代、衣服を身につけない部族でも顔や身体に化粧を施したり、入れ墨をしたりして、「威厳」や「美」を表現したり、極端な光や乾燥、細菌や害虫などから自らを保護している。歴史をさかのぼれば、洋の東西を問わず、女性だけでなく男性も化粧していたことが知られている。外見の装い＝化粧は、地域を問わず、男女を問わず、さらに時代を問わず、行われてきた人間の習慣である。

1879年、スペイン北部のカンタブリア州にあるアルタミラ洞窟で壁画が見つかった。そこには、約4万年前のクロマニヨン人が描いたと考えられる家畜や動物などが残されていた。

同じ洞窟から赤い人骨も発見された。人骨がなぜ赤く染められていたのか。研究者によれば、生前、皮膚に塗っていた鉱物質の顔料が死後、骨にまで染着したという。つまり、壁画を描いた約4万年前のクロマニヨン人は化粧していた…かもしれない。化粧の歴史ロマンは壮大だ。

人類学では、人間が化粧する理由を宗教的（呪術的）、本能的、表示的、実用的と四つに分類している。現代社会においては適用できないが、化粧の歴史をひもとく際の参考になるだろう。

❀クレオパトラの化粧は？

遺跡発掘で、化粧行為がはっきり確認されたのはエジプトである。紀元前3000年頃の遺跡で化粧瓶、化粧パレット、手鏡などの化粧道具が見つかった。当時の壁画には化粧する様子も描かれており、古代人の化粧を知る貴重な資料となっている。

エジプト人の化粧はどのようなものだったのか。よく知られているのはアイメークである。これはエジプトの気候と無縁ではない。強烈な太陽光線や虫によって、眼病にならないように目の回りにコールを塗っていた。アイラインは黒色、緑色などが使われ、アイシャドーは緑色、茶色、黒色、赤褐色などが好んで用いられた。ちなみに一番よく使われたという緑色は、孔雀石から作られていた。

エジプト女性の代名詞となっているクレオパトラは、眉とまつげは黒色、上まぶたは暗緑色、下まぶたはナイルグリーンにしたと言われている。

髪の手入れにも熱心だった。髪の毛に油や香油を塗った。ベニバナの油で髪を固めることもあった。さらにかつらを付ける習慣もあった。上流階級の女性は、自分の髪の毛とよった絹糸を編み込んだかつらを作ってかぶっていた。

まだ石けんのない時代。体の汚れは風呂に入り、天然の炭酸ソーダや酸性白土でとった。風呂上がりには乾燥から肌を守るために香油を塗っていた。

✲ローマ帝国の化粧

古代エジプトの化粧はその後、古代ギリシャやローマに伝わっていく。ローマ人の美の基本は肌の白さであった。そのため入浴が盛んに行われた。ローマ遺跡で有名なカラカラ浴場は一度に２３００人が入浴できたといわれている。そのほかローマには約８００もの浴場があった。入浴後に肌を白く見せるために鉛白や白亜を塗った。

特に上流階級の女性たちは、肌をなめらかにするふすま（糠）湯に入ったり、ロバの乳の風呂に入ったとされている。

眉にも特徴がある。眉と眉が近いことが美しいと考えられていたので、眉墨を多用していた。原料は鉛、アンチモン、すすだ。

もうひとつ好まれたのが香料だ。香油を体に塗り込んでいたという。

女性の化粧はローマ帝国が隆盛を極めていくにつれ、より華美になっていった。

CHAPTER 2

日本の化粧事始

✼日本書紀の化粧シーン

日本の場合は、3世紀後半の古墳時代にさかのぼる。身分の高い人が埋葬された墓から出土した埴輪がその証となっている。赤い顔料が左右のほほに塗ってあった。これは悪霊から身を守る呪術的な意味があると考えられている。

文献では中国の史書である「三国志」の中に、日本の生活を伝えているといわれる〝魏志倭人伝〟に次のような記述がある。

……婦人は被髪屈紒し、衣を作ること單被の如く、その中央を穿ち、頭を貫きて之を衣る。…（中略）…朱丹を以って其のからだを塗る。中国の粉を用いるが如きなり……

日本の文献で「化粧」が初めて登場するのが「日本書紀」だ。

有名な海彦・山彦の話の中に、顔や手に朱をつけるシーンが出てくる。

宗教的な意味ではなく、美しさを求めた化粧についての記述も「日本書紀」の中にある。692年に僧・観成が中国の文献などをもとに「鉛白粉」を作り、当時の女帝である持統天皇に献上。褒美を得たと記録されている。この鉛白粉が一般的に日本の化粧品第1号とされている。

当時の白粉は鉛を酢で蒸して作られたといわれている。宮廷の女官は白粉を顔に塗り、眉は太く、唇に紅を入れている。また、額中央には花鈿（かでん）、口元に靨鈿（でん）と呼ばれる花や星を描くポイントメークをしている。その女性像は正倉院の「鳥毛立女屏風（とりげりつじょのびょうぶ）」や薬師寺の「吉祥天像（きっしょうてん）」で確認することができる。

この化粧方法は、中国の敦煌にある壁画にもあることから、唐から伝わってきたことが分かる。

✲日本独自の化粧へ　～平安時代～

それまで遣隋使、遣唐使によって中国と交流を図ってきたが、８９４年に菅原道真の建議により遣唐使が廃止された。ここから化粧も日本独自のものが作られていく。いわゆる「源氏物語」の世界だ。

平安時代。宮廷の女性たちの衣装は十二単。長い黒髪を垂らし、顔は白く塗り、眉は抜いて、額の上に描く。唇は小さく見えるように紅をさす。お歯黒もするようになっていた。また、公家の男性も化粧したと考えられている。

美の競演というよりも当時の化粧は身分や階級に応じて約束事が決まっていた。自分の個性を主張するおしゃれは、仏教とともに薫香が渡来していたその香りだった。好きな香をたいて楽しんだり、香りを移した和紙に和歌を詠んで自己ＰＲしたと思われる。平安時代には香道という独自の文化が成立している。一子相伝の秘伝として室町時代に隆盛を極めた。

✲武家社会の化粧　～鎌倉・室町時代～

貴族社会から武家社会になると、装いも大きな変化がもたらされた。衣服は簡素化され、長い髪は後ろで束ねられる。化粧は身分・階級など社会的地位を明確に表すようになった。

絵巻物を見ると、貴族や身分の高い男女の顔が白く描かれている。当時、白粉は特権階級にのみ許された貴重なものだったことが分かる。

一般庶民に化粧が伝わっていったのは室町時代になってからだ。庶民の描いた絵巻物の中に、紅を売る人が描かれている。その後、武士による権力抗争が続いていくが、化粧文化は決してすたれることはなく、水面下で脈々と受け継がれていったのである。それが一気に開花したのが江戸時代だ。

CHAPTER 2

江戸の化粧文化

❇ 白粉で色白美人になる

日本の化粧文化が確立したのは江戸時代だ。

商工業が発達し、豪商が続々誕生。豊かな商人たちは武家にとって代わって文化の担い手となった。その町人文化が定着するにしたがって、化粧も礼儀作法の一つとして一般に浸透してくるようになった。

当時の化粧を見てみよう。基本は白粉である。

〝色の白いは七難かくす〟という諺があるが、江戸時代、美人の条件の第一は色白の顔だった。そして「色白」はなんと、ついこの間まで「日本人の美の概念」として通用していた。

白粉は水銀白粉と鉛白粉があったが、一般に広まったのは鉛白粉である。白粉は水で溶いて使う。つけるのは顔だけでなく、首、襟足、肩、胸元のあたりまで。刷毛で何度も重ね塗りをしたという。

ただし、時代によって変化があった。江戸前期は薄化粧が主流だったが、町人文化が成熟して行くにつれて、次第に濃化粧が普及していく。文化文政期に、式亭三馬が書いた「浮世風呂」に、濃化粧が巷に流行している様子が記述されている。

また、地域差があって京都や大阪など関西では濃く塗るのが好まれていたが、江戸では薄く化粧するのが良いとされていた。

化粧指南書も出ている。1650年に「女鏡秘伝書」、1692年に「女重宝記」などでは、化粧品の種類、化粧の仕方などが解説されている。

❇ 口紅は紅花

紅は紅花から作られた。紅花はキク科の植物で、原産地のエジプトや地中海沿岸地域で、シルクロードを経て、日本に伝わったのは推古天皇の時代だといわれている。江戸期の日本では、山形地方が主な生産地。紅花の花弁に含まれる水に溶けないカルタミン（紅色）を抽出し、紅皿に集めた。これが口紅に使用された。

口紅は大層高価なこともあって、見栄をはりあった遊女たちはこぞってたくさん使った。下唇に濃く重ね塗りをして玉虫色に光らせる笹色紅が流行した。
一般の女性たちは安価に仕上げるために、重ね塗りの代わりに唇の下地に墨を塗って、その上に紅をつける工夫したという。

◎紅花から口紅をつくる方法

①早朝、紅花をつみ取る

②花を水洗いし、日陰で一晩寝かせ、うすでつく

③むしろをかぶせ、足踏みし、天日で乾燥すると紅花餅に。貯蔵

④紅花餅を水に浸し、布袋に入れ水を絞る

⑤大樽に入れた紅花餅にアルカリ液を入れて紅分を取り出す
さらに酢液を入れ紅を発色させる

⑥麻の繊維を入れ、紅分を吸収させる

⑦梅酢を入れてかき回すと紅分が沈殿していく

⑧紅液をセイロに流して水分を切る

⑨漆塗りの紅箱に保管

⑩お猪口に筆で紅を塗り込める。自然乾燥させて出来上がり

江戸後期には、洗顔にウグイスの糞を用いるようになった。また、化粧下としてへちまの水が広く使用され、さらに「江戸の水」「京の水」「花の露」も愛用されたようだ。それらに加えて、歯磨き砂やフケ取り香油などのアイテムが揃い、櫛やかんざしを扱う小間物屋で販売された。

この頃になると東西の物流が活発に行われたが、化粧品の利用者は貴族や芸人などに限られ、一般の人たちにとって化粧品は結婚式や祭日のみに使用する特別なものだった。

✻お歯黒は日本人の美意識

本来白い歯を真っ黒に染めるお歯黒は、古代から行われ、平安時代には習慣化されていた化粧だった。つまり、お歯黒は日本人の美意識のひとつの象徴だったといえるだろう。平安の頃は、皇族・貴族の男女が口元を強調する化粧として行うとともに、成人への通過儀礼としての意味があった。その後、一般の大人にも浸透していった。

江戸時代になると皇室を除けば、既婚女性や遊女などがする化粧として定着していった。お歯黒は美を求めて化粧する意味だけでなく、黒は他の色に染まらないということから「貞女二夫にまみえず」の証とした。

染料の主成分は鉄漿水（かねみず）。酢の中に酒や米のとぎ汁、釘などの鉄を溶かした茶褐色の溶液である。これに落葉小高木にできる虫瘤（むしこぶ）を粉末にした五倍粉を混ぜると黒く染まる。虫歯予防にもなる実用的な効果もあった。

✻日本の夜明け・化粧の夜明け

鎖国が終わり、西洋文化を積極的に取り入れるようになった明治時代。政府は１８７０（明治3）年にお歯黒と眉を剃ることを禁止した。理由は、来日した外国人に、お歯黒姿の日本女性が奇異にみられたからだと言われている。

これをきっかけに、それまでの伝統文化であった化粧法は、姿を消していった。それにつれて美しさの概念も変わっていった。

CHAPTER 2

化粧品ビジネスの黎明

国産メーカー登場

明治維新で始まった西欧化の波は、女性の化粧にも及んだ。江戸時代から続いた白粉主体の文化はまだ健在だったが、西洋人が街を歩き、西洋のモノがどっと押し寄せれば人々の意識も変わる。化粧品や化粧法も徐々に見直しが始まった。

まず、それまで使われていた鉛白粉の成分である鉛の中毒が社会問題になった。これよって無鉛白粉の研究が盛んに行われるようになり、鉛中毒を起こさない画期的な白粉が次々に発売された。平尾賛平商店の「レート白粉」、伊東胡蝶園の「御園白粉」、中山太陽堂の「中山クラブ白粉」、大学本舗「大学白粉」などがヒット商品である。

また、欧米諸国から医薬品と同様に、石けんや香水、クリームや水白粉などの製品が輸入され、製造方法が紹介されたことも日本の化粧品業界を大きく前進させるエポックとなった。輸入製品の製造法を得て製造に進出した企業の中で、もっとも有名なのが資生堂の前身である資生堂薬局だろう。

資生堂薬局は、民間調剤薬局として1872(明治5)年、東京・銀座に開業した。同薬局は1897(明治30)年、化粧水「オイデルミン」、フケ取り香水「花たちばな」、改良すき油「柳糸香」の3化粧品を発売している。

話は前後するが、明治末期から戦前までの人気を二分した平尾賛平商店は1878(明治11)年、中山太陽堂は1903(明治36)年、伊東胡蝶園は1904(明治37)、大学本舗は1909(明治42)年にスタートしている。

この頃になって日本の化粧品市場はようやく形づくられるようになり、化粧品の広告が新聞紙面に登場するようになった。化粧は限られた上流階級のものでなく、一般庶民の関心事になったのである。

ちなみに当時の最新メークは、クリームを下地にして、粉白粉をはたく。眉は自然なままにして、口紅は唇の中央に小さく描き、おちょぼ口に仕上げていくものだった。

✲女性の社会進出

女性の化粧が転機を迎えたのは明治末期だ。日露戦争、続いて勃発した第一次世界大戦の勝利は、日本に空前の好景気をもたらした。庶民の生活は飛躍的に向上し、外需拡大で発展した産業界は労働力として女性たちに期待した。これに応えた女性たちは続々と社会進出し、力を発揮していく。

日本髪をやめて髪を短くカットした女性たちは、洋服を着るようになり、化粧を始めた。バスガイドや電話交換手など女性特有の仕事をはじめ、学校の教師や看護婦、官公庁や企業に勤める職業婦人となったのである。

女性たちが活動的になるに伴い、化粧法も変化していく。手早く簡単にできる化粧が重宝され、しかも薄化粧が流行していった。使用法が簡単なモノ、持ち運びができるモノ、バッグの中に入る小さなモノ……当然のように新製品発売が相次いだ。

白一色だった白粉も、肌色に合わせた粉白粉が何種類も登場した。例えば、レート「5色白粉」や資生堂「7色白粉」などは爆発的な人気を呼び、化粧に個性が出てきた。また、紅類は紅花全盛から油脂原料による棒状口紅へと移っていった。

さらに、クリームはバシニングクリーム、化粧水はヘチマコロンなどが好まれるようになり、白粉時代は下火へと向かうことになる。アメリカの美容法も紹介されるようになると、マニキュアやアイシャドーを使った化粧もみられるようになった。

✲メーカー競争

大正末期から昭和初期にかけて日本経済は悪化したが、化粧品産業への影響は少なかった。このとき

◎明治時代の化粧品

商品	製造	発売年	備考（キャッチコピー等）
玉かつらすき油	大木宗蔵	明治3	
イヅツ香油	井筒屋香油店	明治5	
小町水	平尾賛平商店	明治11	元祖、おしろい下小町水
にきびとり美顔水	桃谷順天館	明治19	
春の露	大日本製薬	明治19	香水
明の露	大日本製薬	明治19	日本で初めてのコールドクリーム
九重おしろい	花薬堂	明治20	
雪の花水おしろい	草集堂	明治21	
花王白粉	脇田盛真堂	明治22	
花王石鹸	長瀬富郎商店	明治23	初の銘柄入り石けん
オイデルミン	資生堂	明治30	高等化粧水
菊桐香水	平尾賛平商店	明治31	宮内庁御用達になる
化粧用美顔水	桃谷順天館	明治34	色を白くしきめを綿密に光艶を出す
丸善ベーラム	丸善	明治35	製造歴史の最も古い国産ベーラムの代表と言われるもの
芳香ワッセル、お肌あらい	三友商会	明治36	英国製
御園白粉	伊東胡蝶園	明治36	日本で初めての無鉛白粉
ヒナ香水	大阪大崎組	明治37	
ハンドコロン乳液	オリエンタル薬館	明治37	
仁丹	森下博	明治38	
かへで	資生堂	明治38	無鉛・練白粉
クラブ洗粉	中山太陽堂	明治38	宮中のお化粧品と女官
キスミー頬紅	伊勢半	明治42	
オリジナル香水	安藤井筒商店	明治42	
オシドリポマード	井上田兵衛商店	明治44	

化粧品はすでに女性の日用品になっており、食品や医薬品と同様、日常生活になくてはならない消費財として認識されていたからだ。

このことは逆に、化粧品産業に注目を集めることとなった。化粧品産業が景気に影響されることが少なく、安定的に成長気流にあることを知った異業種企業あるいは起業家は、化粧品産業への興味を高め参入を目指すようになったのだ。

1927（昭和2）年には、後に男性化粧品で一時代を築く丹頂、29（昭和4）年にはポーラ化粧品が訪問販売を開始。37（昭和12）年には国内トップの繊維メーカー・鐘紡が化粧品部門を創設した。その結果、化粧品メーカーの競争は激しさを増し、産業はいっそう活気づいた。

戦争と化粧

こうして着実に成長を続けてきた化粧品業界は、第二次世界大戦で一気に苦境に陥ることになる。香料や化粧用ガラス瓶、カストル油などの原材料が輸入禁止になったことに加えて、政策上、不要品というレッテルを貼られたからだ。

戦争一辺倒の政策によって化粧品の需要が急速にしぼむ一方で、供給もおぼつかなくなっていった。戦火が日本本土に広がると、マーケットの性質上、都市に集中していた生産拠点は空襲によって大半が失われてしまったのである。

けれども、本拠地を都市部に構えていたおかげで1945（昭和20）年の敗戦から立ち上がるのも速かった。日本はアメリカをはじめとする連合国の統制のもと、復興をはかることになったのだが、戦前より明るい社会を目指す人々は力強かった。

戦後、化粧品産業に参入した企業も

化粧品メーカーもいち早く生産・販売の再建に着手した。誰もが新しい時代の担い手となり、化粧品のニーズは急増。マーケットは完全な売り手市場になった。これを機に原材料を戦禍から守り、保存できた資材業者の中には、自ら化粧品を設立する会社も現れた。小林コーセー（現コーセー）、シャンソン、サンスターなどが新たに参入。海外メーカーでは米

◎化粧品生産額

年　度	価　額	対前年度増加率(%)	生産額の推移グラフ
明治 42	1,486,066		
大正 3	1,936,203	30.29	
8	10,731,210	454.24	
9	21,872,357	103.82	
10	17,656,817	-19.27	
11	21,152,222	19.80	
12	13,496,400	-36.19	
13	23,426,900	73.58	
14	27,094,116	15.65	
昭和元	23,922,840	-11.70	
2	28,886,244	20.75	
3	28,620,535	-0.92	
4	31,627,633	10.51	
5	30,028,828	-5.06	
6	30,313,815	0.95	
7	29,269,751	-3.44	
8	35,196,563	20.25	
9	37,674,108	7.04	
10	38,110,381	1.16	
11	43,438,264	13.98	
12	39,292,001	13.48	
13	60,939,705	23.63	
14	73,570,421	20.73	
15	93,172,054	26.64	
16	100,375,762	7.73	
17	116,833,081	16.40	
20	75,001,381	-35.80	

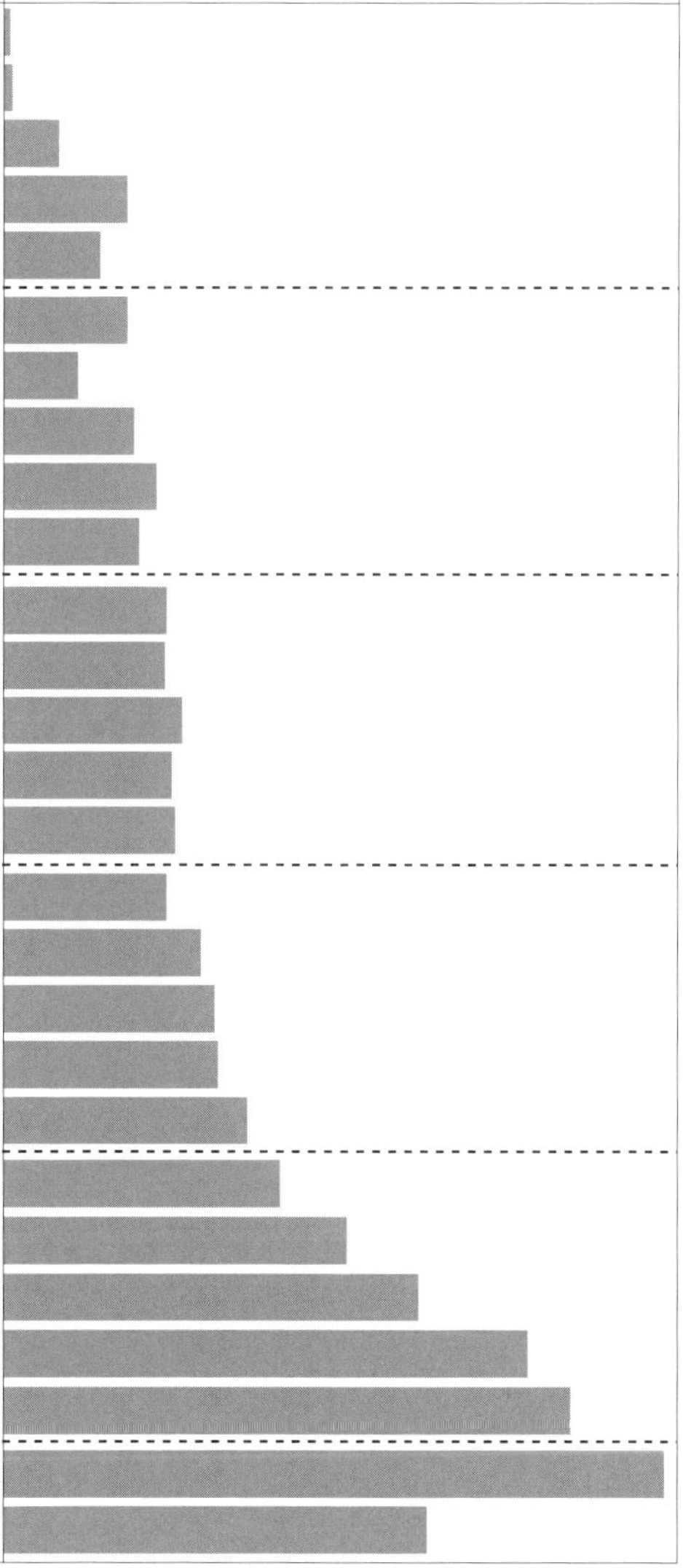

(『化粧品工業 120 年の歩み(資料編)』日本化粧品工業連合会編・発行、平成 7 年)

マックスファクターが1949（昭和24）年、いち早く日本に進出している。

戦後、多くの生活様式がそうだったように、化粧方法もアメリカの影響を受けた。目元をぱっちりと描き、コールドクリームで落とす。真紅の口紅がもてはやされ、爪にはマニュキュアを塗った。

こうして新しい生活習慣として化粧が日本の津々浦々へ広がり、定着すると、化粧品産業は順調に拡大していった。

昭和30年代には毎年15％以上の驚異的な発展を続け、同40年代には出荷額で1000億円の大台を突破した。この急成長市場に外資も注目し日本進出。以来、日本の化粧品メーカーは国際競争に加わることになる。

◎第二次大戦後・自由価格時代の化粧品の値段

◇コールドクリーム			
マスター	110円	ウテナ玉瓶	120円
ミツワ	90円	メヌマ	150円
花王	150円	モンココボウ	100円
◇バニシングクリーム			
パピリオ	80円	マスター	75円
資生堂	100円	オリジナル	75円
花王	85円	明色	80円
ジュジュ	75円	ウテナ	80円
丹頂	100円	クラブ	65円
◇ポマード類			
柳屋ブリランチン	150円	メヌマブリランチン	150円
ビロミブリランチン	200円	ケンシブリランチン	120円
八重椿ブリアン	150円	マキノポマード	100円
アイオイポマード	150円	千代花ポマード	120円
参考・昭和23年当時の生活品物価			
理髪料金	30円	銭湯	10円
初任給	2000円	白米1升	35円70銭
映画	25円	清酒1升	250円
ビール1本	75円70銭		

（「大山70周年史」より）

◎化粧石けん価格推移

年	価格	年	価格
明治23年	12銭	昭和24年11月	10円70銭
明治44年	8銭	昭和25年	21円40銭
大正3年	9銭	昭和28年	25円
大正6年	11銭	昭和33年	30円
大正8年	13銭	昭和47年	50円
大正9年	15銭	昭和48年	70円
大正13年	16銭	昭和51年	80円
大正15年	15銭	昭和54年	90円
昭和6年	10銭	昭和55年	90円
昭和15年	10銭	昭和59年	100円
昭和17年	8銭	昭和62年	100円
昭和22年	3円95銭	平成3年	110円
昭和24年6月	9円50銭	平成7年	110円

（「日本の物価と風俗130年の移り変わり」より）

CHAPTER 2

化粧品ビジネスの仕組み

✿ 化粧品ビジネスの特徴

化粧品産業は、日本標準産業分類では製造業であり、化学工業である。しかし、化学メーカーの多くが大規模な工場で大量生産するのに対し、化粧品メーカーは多品種少量生産を行うことから、医薬品などと同じくファインケミカルズあるいはスペシャリティケミカルズと呼ばれるカテゴリーに属する。

化粧品メーカーはオリジナリティあふれる少量の高付加価値商品を生産し、高収益を期待する。化粧品業界は、人に直接影響を与えるライフサイエンスの技術を用いて製造物を生み出す研究開発型産業の代表選手といえるだろう。

また、一般の化学メーカーが中間物の生産までにとどまっているのに対し、化粧品メーカーはダイレクトに消費者に渡る最終物まで加工する。万人に絶対不可欠なモノではなく、ある意味では嗜好品ともいえるが、生産されるモノが生命関連商品であるために、安全性や品質などの面で厳しいチェック機能の下にある。法律も厳しく定められている。

日本の化学業界は素材を提供する大規模化学メーカーの発展から始まり、戦後、医薬品や化粧品などの分野が伸張してきた。これには二度にわたるオイルショックが大きく影響しているが、世紀が変わっても素材型化学工業の苦戦は続き、現在は加工型化学工業が世界的な競争力を持って、日本を世界第2位の化学大国に保っている。

とくに日本製基礎化粧品は世界的に高く評価されており、愛用者は広がっている。国際競争力の高い輸出品として産業界の注目を集めている。

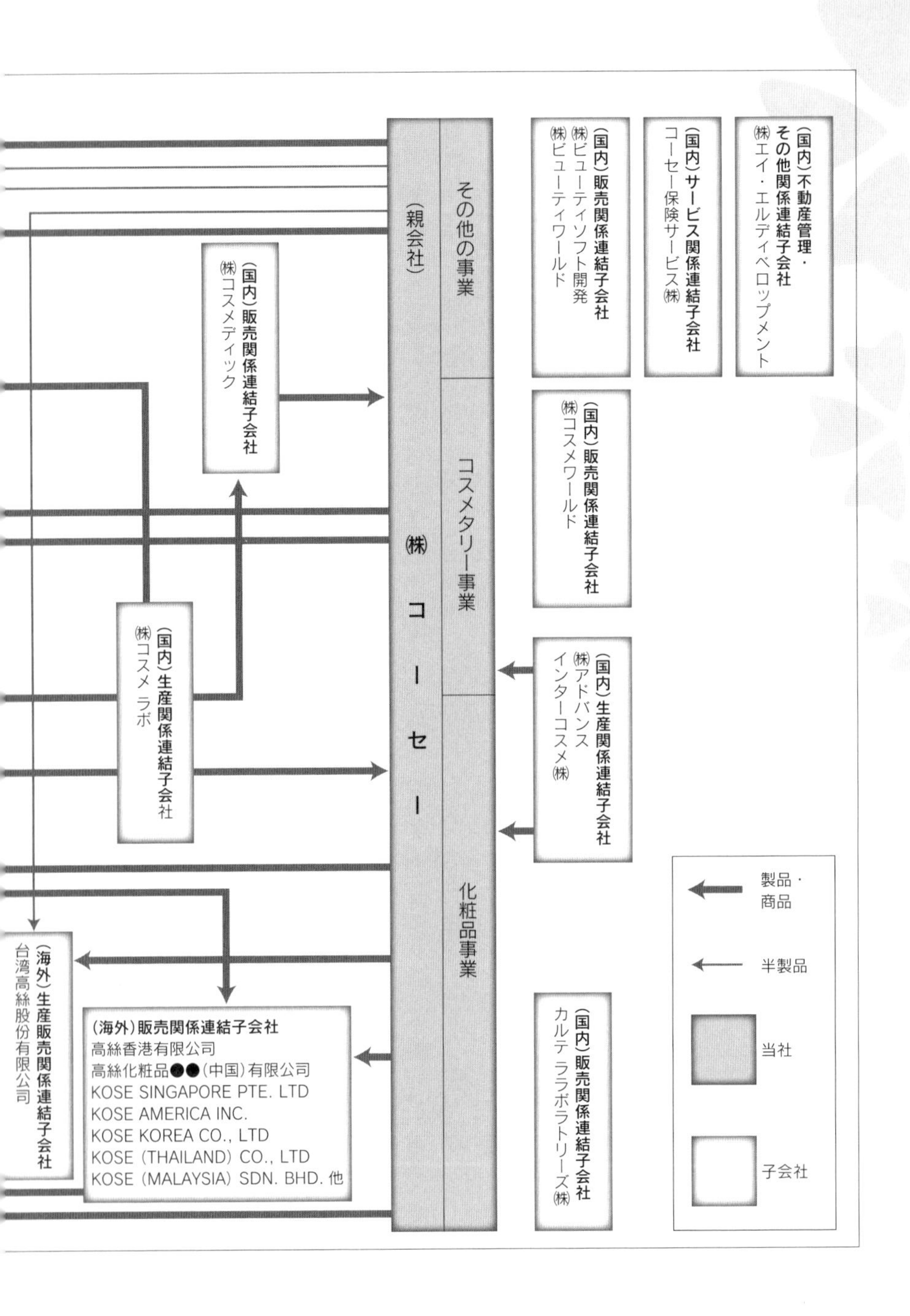
(国内)不動産管理・その他関係連結子会社
㈱エイ・エルディベロップメント
(国内)サービス関係連結子会社
コーセー保険サービス㈱
(国内)販売関係連結子会社
㈱ビューティソフト開発
㈱ビューティワールド
その他の事業
(親会社)
(国内)販売関係連結子会社
㈱コスメディック
(国内)販売関係連結子会社
㈱コスメワールド
コスメタリー事業
㈱
コーセー
(国内)生産関係連結子会社
㈱アドバンス
インターコスメ㈱
(国内)生産関係連結子会社
㈱コスメ ラボ
化粧品事業
製品・商品
半製品
当社
子会社
(国内)販売関係連結子会社
カルテ ララボラトリーズ㈱
(海外)生産販売関係連結子会社
台湾高絲股份有限公司
(海外)販売関係連結子会社
高絲香港有限公司
高絲化粧品●●(中国)有限公司
KOSE SINGAPORE PTE. LTD
KOSE AMERICA INC.
KOSE KOREA CO., LTD
KOSE (THAILAND) CO., LTD
KOSE (MALAYSIA) SDN. BHD. 他

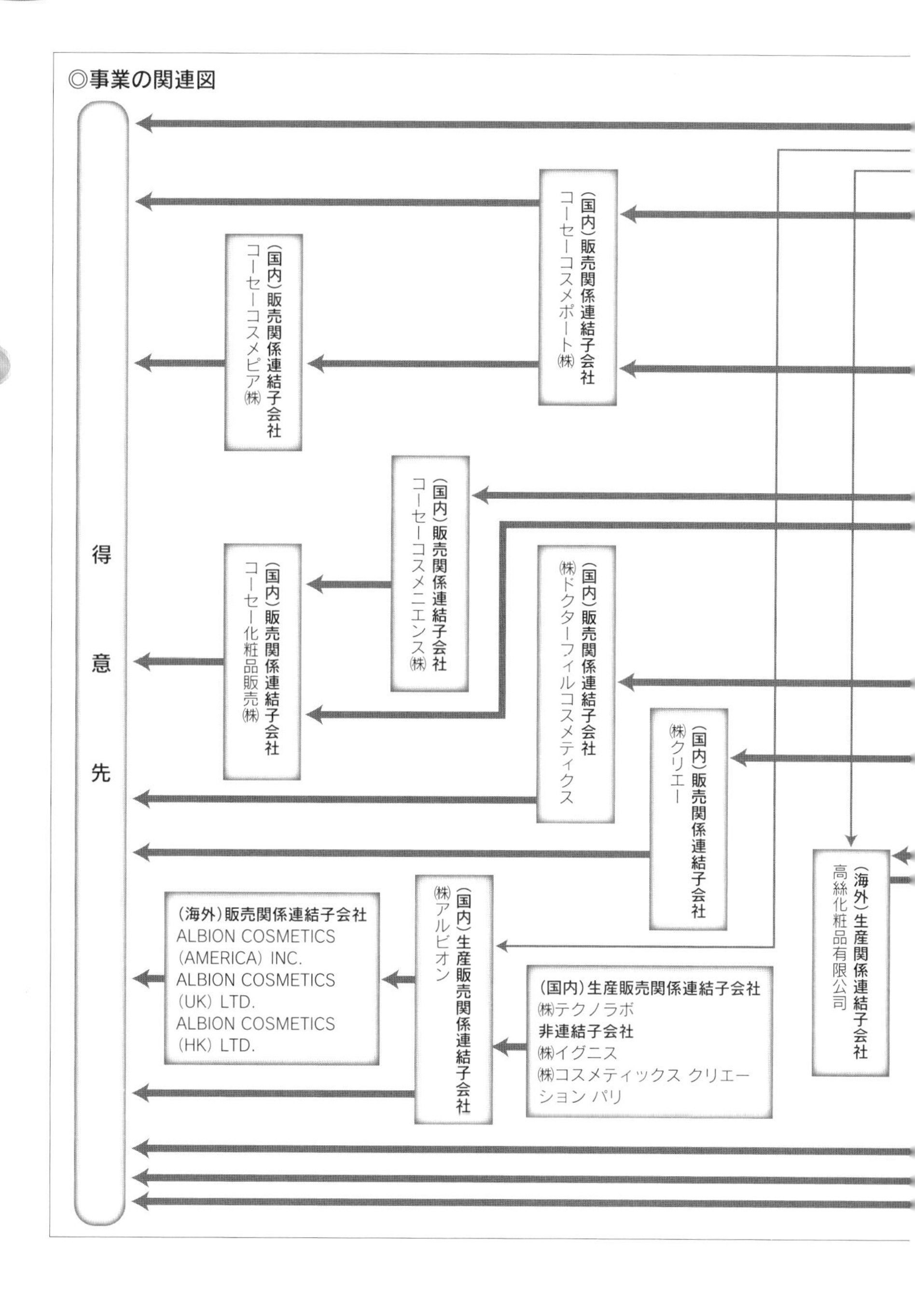
◎事業の関連図
得意先
(国内)販売関係連結子会社
コーセーコスメポート㈱
(国内)販売関係連結子会社
コーセーコスメピア㈱
(国内)販売関係連結子会社
コーセーコスメニエンス㈱
(国内)販売関係連結子会社
コーセー化粧品販売㈱
(国内)販売関係連結子会社
㈱ドクターフィルコスメティクス
(国内)販売関係連結子会社
㈱クリエー
(海外)生産関係連結子会社
高絲化粧品有限公司
(海外)販売関係連結子会社
ALBION COSMETICS (AMERICA) INC.
ALBION COSMETICS (UK) LTD.
ALBION COSMETICS (HK) LTD.
(国内)生産販売関係連結子会社
㈱アルビオン
(国内)生産販売関係連結子会社
㈱テクノラボ
非連結子会社
㈱イグニス
㈱コスメティックス クリエーション パリ

✼化粧品メーカーの組織

化粧品メーカーは、市場あるいは消費者とダイレクトにつながっている。自ら販売店を組織しているメーカーも多く、研究開発型企業でありながら流通企業でもあるともいえる。また、季節ごとに新製品を投入しているため、販売促進またはマーケティング関係にも力を注いでいる。組織は複雑かつ個性的といっていいだろう。

多くはエリア別、またはブランド別に事業部制をとって、独立採算をめざす構図になっている。

さらに傘下に販売会社を持ち、全国に系列店を組織して営業グループを形成する。したがって、人材管理は重要なファクターで、販売チャネルに応じてセントラル方式で育成する。サービスを主とする人材、技術提供を主とする人材など、同じ店頭に立つ人材でも意味合いが異なるケースもある。

国内市場だけでなく近年は、中国を筆頭にしたアジア諸国への積極的な展開を行っている。また、消費者に近いこと、女性の顧客を多く獲得していることから、日用品、ファッション、エステティックなどに多角化を進めている企業もある。海外担当、新規事情などへの興味は旺盛だ。

✼他社ブランド製造メーカー(OEM)

化粧品の開発・企画部門はあっても、製造する施設がないベンチャー企業も多い。また大手メーカーでもでも生産力増強のときは、コスト削減のために化粧品製造専業メーカーに委託するケースがある。

委託社は商品企画やサンプルチェックを行い、製造はOEMメーカーが行う。化粧品業界にも多くのOEMメーカーがある。日本色材工業研究所、日本コルマーは専業大手だ。また、化粧品大手の中にもOEM事業に着手しているメーカーとして、カネボウの「カネボウコスミリオン株式会社」、ポーラの「エクスプレステージ」が知られている。

OEMかどうかは、化粧品パッケージを見ると分かる。販売と製造メーカーの名前が異なっているのだ。

CHAPTER 2

多様化する流通チャンネル

資生堂が開発した「制度品システム」

各化粧品メーカーがしのぎを削った戦後の復興時代。値引き合戦が続き、業界の存続が危ぶまれた。

そこに大きなクサビを打ち込んだのが資生堂のチェーン店制度「制度品システム」だった。これは、メーカーと販売店契約を結んだ小売店の組織化を図るシステムで、アメリカで流通システムを学んできた2代目社長の松本昇氏が生みの親である。

仕組みはこうだ。メーカーである資生堂は、同社とチェーン契約を結んだ店舗にだけに商品を卸す。それ以外で商品の流通することはない。一方、チェーン店は取引開始時に一定額以上の商品を購入すればよく、保証金やロイヤリティーは必要ないので、負担が少ない。同業他社との契約もＯＫ。メーカーは値引きする小売店を排除できるため、契約店は定価販売できる。一石二鳥の仕組みだった。

さらにチェーン店は自ら仕入れをする必要がなく、商品を注文すれば翌日には入荷し、ポスターや商品チラシなども無償で届けられるなどいたれりつくせり。同社営業社員による運営アドバイスも積極的に実施された。

システムの導入により、倒産寸前まで業績が悪化した資生堂は復活。同社の商品を取り扱う店舗は急速に増大した。

資生堂はチェーン組織を強化するために、美容部員による推奨販売制度と、同化粧品の愛用者組織「花椿会」を発足させ、化粧品業界のトップに躍り出るほど驚異的な伸びを示した。

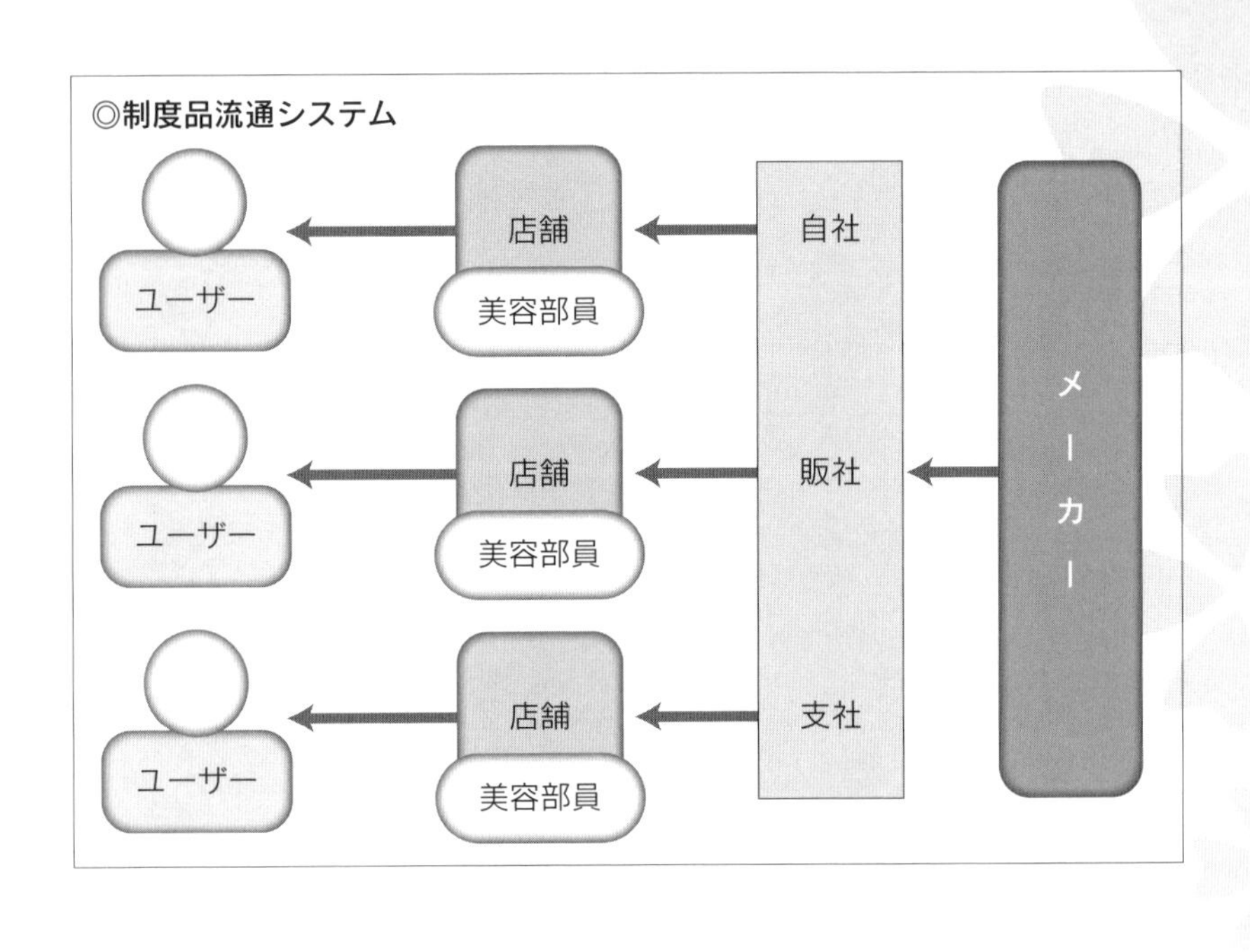

✻主婦の時代を席巻した訪問販売

制度品システムと並んで化粧品流通の大きな役割を担ったのが訪問販売だ。世界で初めて採用したのはアメリカのエイボンプロダクツだが、日本で訪問販売を最初に始めたのはポーラ化粧品本舗（現ポーラ）で、1929（昭和4）年に創業した。

化粧品メーカーが自社の支社・販売会社を通じて地区の販売員（セールスレディ）を育成。彼女たちが家庭を一軒一軒を直接訪問して、家庭の主婦に化粧品を届ける手法は当時、斬新で脚光を浴びた。

1960年代になると、メナード、ノエビアなどが訪問販売事業を開始。また、真珠で有名な御木本や学習研究社、ヤクルト、ダスキンなども訪問販売に目をつけ、異業種からの参入が続いた。

70年代までは順調に売上高を伸ばした訪問販売だが、その後は勢いに陰りがみえた。

その原因として指摘されているのが、女性のライフスタイルの変化である。女性の社会進出が進み、昼間の在宅率が減少し、訪問販売の効率が落ちてき

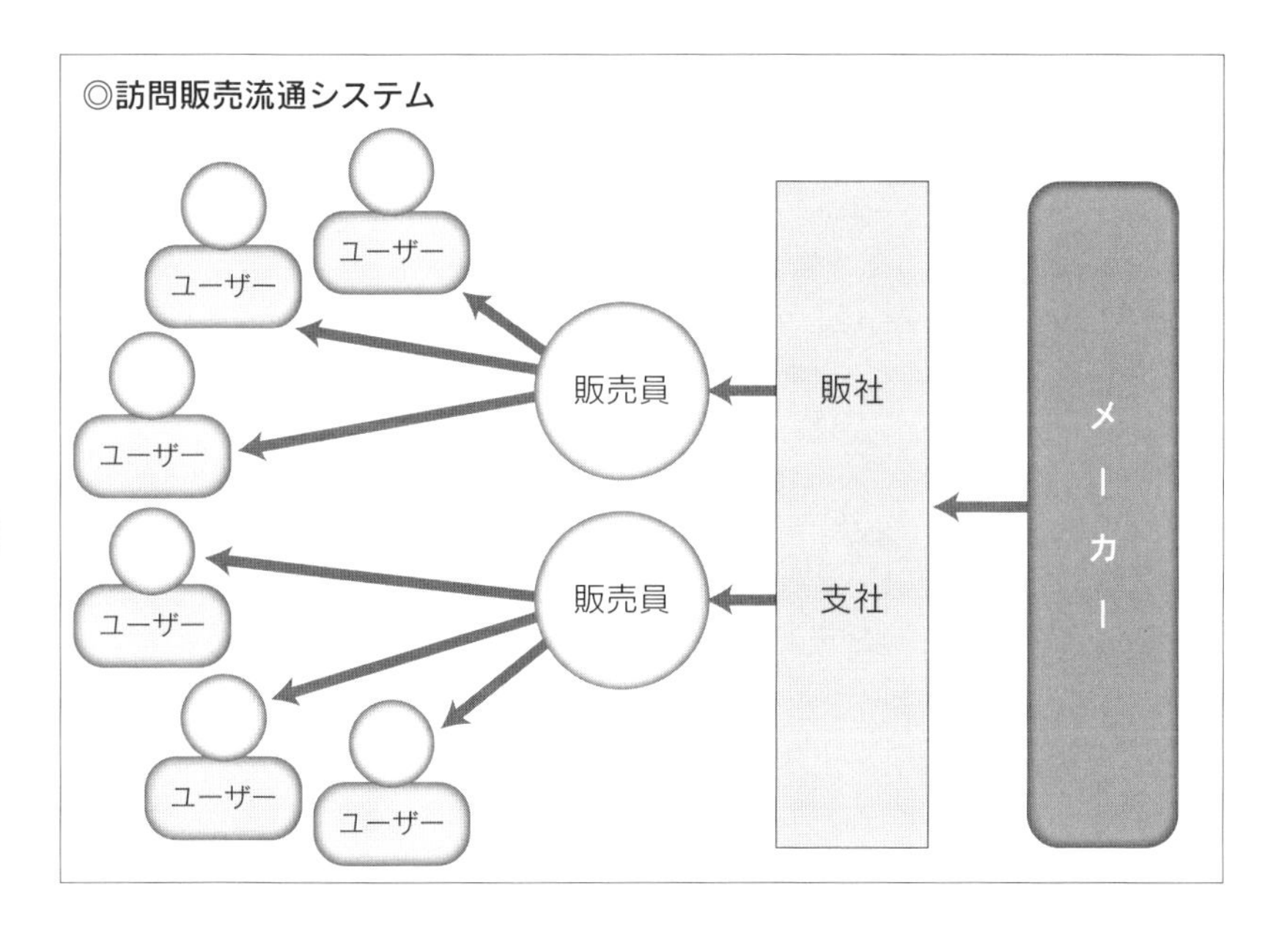

たのだ。

また、自宅に販売員が来ること自体を敬遠する層が都会で増えていることも挙げられている。

✿外資系のネットワークビジネスが上陸

平成に入るとアムウェイやニュースキンなど外資系の化粧品メーカーのネットワークビジネスが上陸した。

メーカーと雇用関係のない販売員が、自分の人脈を生かして販売する。例えば使用者だった人が販売員になり、またその使用者が販売員になる方式で、一時ブームになった。

✿一般品流通で人気を獲得したセルフ化粧品

制度品システム、訪問販売と発展してきた化粧品流通だが、もちろん一般の消費財のように、メーカーが卸・問屋を通じて小売店に流す「一般品流通」の仕組みはある。

制度品システムと異なり、メーカーと小売店との間には取引契約はない。自社で販売網を組織する必

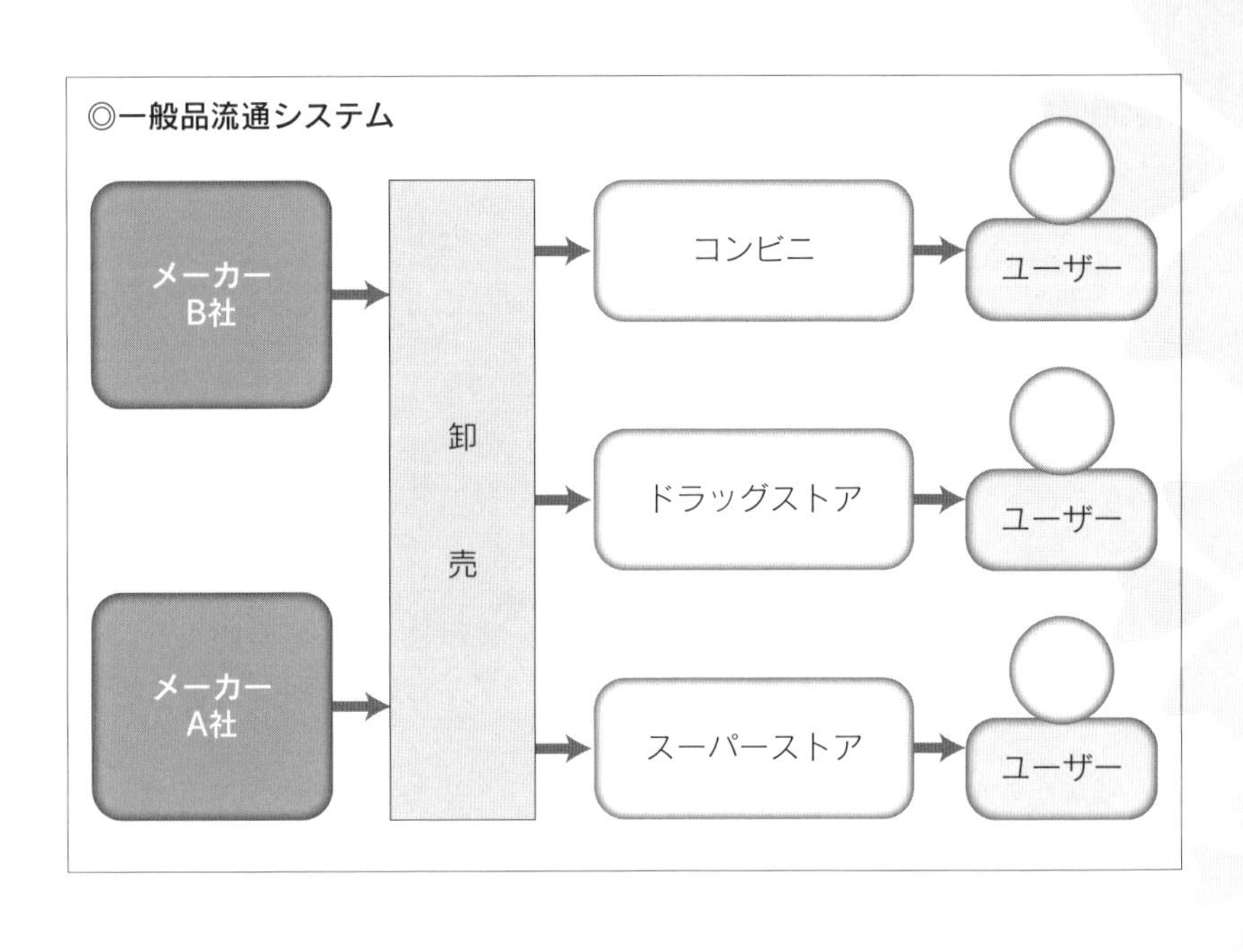

要がないので、メーカーにとってはコスト面でメリットがある。

小売店は小規模化粧専門店、スーパーマーケットなどの量販店、ドラッグストア、コンビニエンスストア、ホームセンターなどさまざま。顧客は店頭に並んださまざまな化粧品を自分で自由に品定めして購入するのでこのシステムで流通する商品を「セルフ化粧品」と呼ぶ。

主に対面販売を行う契約販売店で扱う「カウンセリング商品」に対する商品群のことで、低価格なものが多く、近年は完全に棲み分けされている。

また近年では、同じ価格帯の同じ種類の商品をバラエティ豊かに並べた「プラザ型」、そのローコスト版「ロフト型」なども台頭し、とくに若い女性の間で人気を集めている。

化粧品というと、町の化粧品店による制度品販売が記憶に残っているが、もともとは一般品流通。キスミーコスメチックス（現伊勢半）の創業は江戸時代の1825年で、当時、富裕層の間で「小町紅」という大ヒット商品が生まれた。

ネット社会出現で販路拡大

急成長しているのが通信販売だ。インターネットの普及で、自分の好きな時間に購入できるので、日中、女性の在宅率が低くなっている現在にあって、通信販売が身近になったといえよう。通信販売化粧品市場が活性化しているため、資生堂や花王グループなどの制度品メーカーでも、通販専用商品を発売し、自社のオンラインショッピングサイトを充実させている。

また、店頭販売のみで扱っていたブランドも、オンラインショッピングサイトで販売するケースも増えている。

さらに化粧品メーカーではなく、各社の化粧品を仕入れて、オンラインショッピングで販売するサイトが相次いで登場。例えば「ケンコーコム」や「コスメランド」などがある。

異業種メーカーや企画開発型のメーカーにとっては、化粧品業界への参入が容易になったことで、化粧品業は群雄割拠の時代になってきた。

そうしたことからでも販売方法を区分けする垣根は低くなっている。

◎2017年度化粧品通販売上げベスト15（百万円）

	会社名	売上高	増減率
1	ファンケル	51,091	13.6
2	DHC	50,616	3.4
3	オルビス	43,000＊	
4	ジュピターショップチャンネル	42,000＊	
5	再春館製薬	30,000＊	
6	新日本製薬	28,372	
7	ザ・プロアクティブカンパニー	25,000＊	
8	ドクターシーラボ	20,836	▲1.7
9	富士フイルムヘルスケアラボラトリー	17,200＊	
10	QVCジャパン	17,000＊	
11	キューサイ	15,000＊	
12	協和	11,669	8.4
13	アテニア	11,041	24.5
14	ランクアップ	10,100	14.2
15	資生堂	10,000＊	
15	JIMOS	10,000＊	

＊（予）

CHAPTER 2

グローバルスタンダードへの道

✿ 再販制度撤廃と全成分表示

人間の身体に直接つける化粧品には、さまざまな規制がある。

医薬品と同じく製品に使用できる成分は薬事法で決められており、新しい成分を使う場合はあらかじめ厚生労働省に届け出をし、審査された上で承認される。

また販売方法も、朝鮮戦争による特需で乱売禍が問題になった1950年代、定価販売を義務づける「再販価格維持制度」(以下再販制度)が独占禁止法の適用除外として設置された。一定の化粧品について医療用医薬品でいう医師の処方、つまり専門家による指導が必要とみなされ、対面販売が主流になった。

日本の化粧品業界は、こうした規制に守られて世界2位の市場を作り、業界を形成してきたといってもいいかもしれない。

しかし、化粧品を取り巻く環境は徐々にオープンになってきた。再販制度は70年代後半から反対運動が起こって次第に縮小され、97年に廃止された。

もうひとつの規制緩和の柱である成分表示は、2002年9月までの猶予期間を設けて、2001年3月31日付けで実施。グローバルスタンダードの採用が実現した。

消費者の反応は意外に鈍かったが、化粧品メーカーは、日本の化粧品行政が欧米レベルに達し、日本市場が世界市場と均一になったことを歓迎した。日本市場をめざす外資メーカーにとっても、世界市場をめざす日本のメーカーにとってもビッグチャンスが到来したのである。

CHAPTER 2

再販制度の歴史

✲ 定価維持制度で起死回生

再販制度は、メーカーが卸売業者や小売業者に、あるいは卸売業者が小売業者に販売価格を指示して、その価格を維持させる制度である。

できたのは1953年。化粧品業界のその後の発展を後押しした制度だが、制定されるまではそれこそ業界の暗黒時代が続いていた。

世の中は戦後の復興景気に沸く最中、化粧品も例外ではなく重要は一気に膨らんだ。そこで起こったのが乱売合戦だった。顧客にとって魅力的な化粧品を、安売りの目玉商品として置くことで客を呼び込む手法がエスカレート。安売り競争の結果、小売店だけでなく、卸、問屋などの経営不安が広がり、倒産・廃業が相次いだ。さらに資金援助や製品原価引き下げなどの支援を繰り返したメーカー側の経営基盤も危ういものとなっていった。

価格破壊を食い止めることに躍起になった化粧品業界の前に、大きく立ちはだかったのが独占禁止法である。独禁法は1947年の施行当時、メーカーが小売りに対して定価を守らせるのは、公正競争に抵触するとして禁止した。

事態を打開するため、化粧品業界は総力を挙げて取り組んだのが再販制度の制定だった。強力に運動を推進した結果、改正独禁法で化粧品など一部の商品について再販価格維持が特例として認められた。

✲ 外資参入にも動ぜず

再販制度を後ろ盾とした資生堂、小林コーセー、マックスファクターなどの化粧品メーカーは、小売店との結びつきを強め、勢力を広げていった。

こうしてできあがった業界の勢力地図は、1967年に施行された資本自由化によって、外資メーカーがこぞって参入してきても崩れなかった。

とくに施行直後に日本市場参入を表明し、独自のエリア訪販戦略で世界最大にまでなったエイボンの動向に、既成各社は相応の危機感を募らせた。が、地図を塗り替えるまでには至らなかった。

それでも海外資本の参入によって、国内メーカーは否応なく国際競争力を身につけなければならなった。販売方法の刷新、高級化粧品の開発などに力を注いだ結果、80年代前半になって、日本の化粧品メーカーは技術的および品質的に、世界の水準に達したといわれている。

✼バブル崩壊で市場停滞

日本の化粧品市場は1965年に1000億円を突破し、オイルショックにもそれほど左右されず、約20年後に1兆円を超えた。ところが、ここから市場は成熟化を見せ始め、成長は鈍化する。

あまつさえこの時、実質年1~2%という低成長に入った市場に海外ブランドの進出は続き、輸入化粧品は増大。当然、限られた市場を奪い合う業界の競争は激しくなった。訪問販売、通信販売を主な販売方法とするメーカーを含めて150社あまりの化粧品会社は、それぞれ1000以上の商品アイテムをそろえて、熾烈な戦いを続けることになった。

市場が停滞したのはバブル崩壊で行き詰まった1995年。この年、化粧品出荷額は通産省(当時)が調査を始めた85年以来、はじめて前年を0・2%下回った。

✼再販撤廃で競争激化

一方、再販制度は74年に縮小された。物価高騰に対する消費者の不満が、再販制度にも向けられ、再販制度は「自由価格に反する」という消費者運動が高まったのだ。そこで公正取引委員会は、1001円以上の商品を再販制度指定から除外し、1000円以下の化粧品と一部の医薬品に限定されることになった。こうした時限処置もつかの間、97年、遂にすべての化粧品の再販維持制度が撤廃された。

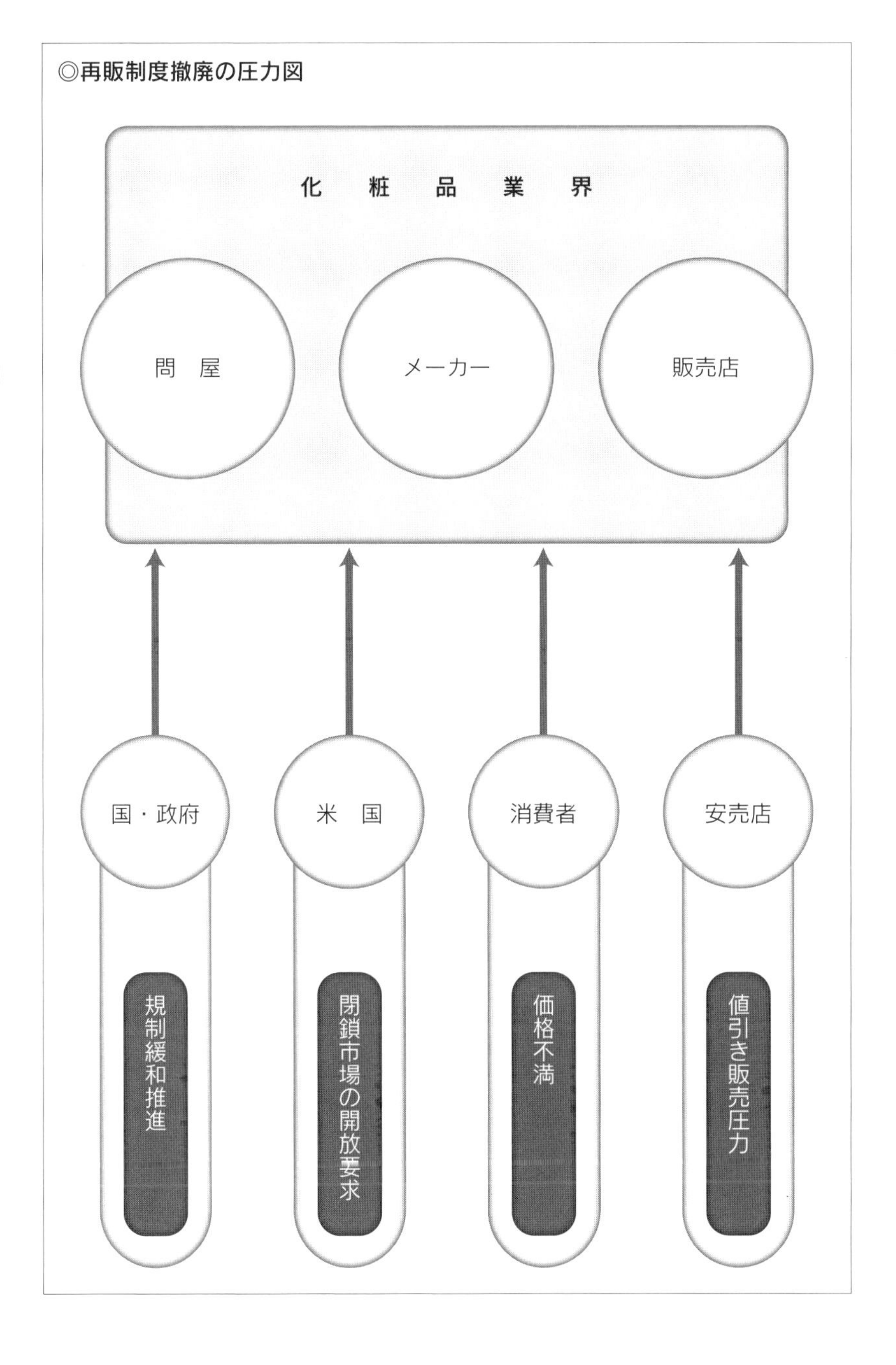
◎再販制度撤廃の圧力図
化　粧　品　業　界
問　屋
メーカー
販売店
国・政府
米　国
消費者
安売店
規制緩和推進
閉鎖市場の開放要求
価格不満
値引き販売圧力

CHAPTER 2

化粧品と法令

✼医薬品との関係

化粧品に対する法規制は、医薬品と歩を同じくして進んできたといえるだろう。

最初に法制化されたのは1874（明治7）年。この年、施行された衛生行政全般について定めた衛生制度は、薬品売買や調剤する者に対する資格などについて触れた。

続いて、医者の処方箋薬は薬品取締規則で1880（明治13）年、民間薬は売薬規則で1870（明治3年）に定められた。また、売薬部外品（現医薬部外品）については、1932年（昭和5）年に取り締まられた。

一方、化粧品は法整備こそなかったが、有害物質についてはチェックが行われた。例えば明治期、白粉に使われていた鉛で中毒症状が出たことが問題視され、使用禁止になった。1900（明治33）年には、有害着色料が規制された。

1943（昭和18）年、優れた医薬品を供給するために制定された薬事法は、1948年の新憲法の施行に伴って全面的に見直された。改正された薬事法で、それまで規制の対象になっていなかった化粧品は、医薬品に準ずる取り締まりの対象になったのである。保健衛生管理上、化粧品の重要性が認識されたということだろう。

1960（昭和35）年、それまでの薬事法に代わり、新しい薬事法が制定された。化粧品は製造及び輸入販売が登録制から許可制になった。

厚生大臣（現厚生労働大臣）の指定する特定成分を含有する場合は、品目ごとに承認が必要となった。

また、化粧品製造の責任技術者の配置が義務づけられた。

1967（昭和42）年、化粧品に品質基準と原料基準が設定された。品質基準は化粧品に配合できる成分の種類・分量を明確にした。原料基準は原料の性状、確認試験、純度試験、定量法などの適合すべき値を設定した。

その後、スモン事件やサリドマイド事件など医薬品の副作用問題が多発したことに影響されて、薬事法は1979（昭和54）年に大改正され、医薬品並びに化粧品の有効性や安全性と製造承認が強化された。消費者の安全性を追求する声と企業製造物責任が求められた結果、日本の化粧品の品質と安全性は飛躍的に向上した。

✽外圧から始まった全成分表示

全成分表示は外資メーカーの強い要求を受けた格好で、2001年3月に施行された改正薬事法で義務づけられた。

それまで日本で販売される化粧品は製造・輸入を問わず、基礎化粧品、仕上用化粧品などのジャンルごとに配分成分の許可基準が細かく定められ、基準内の場合は事前の届け出、基準に合わない場合は事前承認が必要となっていた。化粧品に使う成分のうち、皮膚のトラブルなどを起こすおそれのある成分103種を「指定成分」とし、製品に表示することが義務づけられていた。

一方、欧米では配合禁止成分、配合制限成分、配合可能成分がそれぞれ指定され、企業が自己責任で使用。証人などの手間を省く代わりに、使用した全配合成分を製品に表示することを義務づけていた。

90年代後半、日本の化粧品市場では外資化粧品メーカーが攻勢をかけ、インターネットなどの情報通信が劇的に発達したこともあって、化粧品の個人輸入が活発になっていた。

これを見た厚生省（当時）は、化粧品の内外価格差を是正し、低価格化の原動力となることを期待して96年、化粧品の並行輸入を事実上、解禁した。

しかし、関係者からは「規制緩和といっても手続きだけで、禁止成分を見直さなかった。一部の商品

◎化粧品の効能

No.	効　能	No.	効　能
1	頭皮、毛髪を清浄にする	29	肌を柔らげる
2	香りにより毛髪、頭皮の不快臭を抑える	30	肌にはりを与える
3	頭皮、毛髪をすこやかに保つ	31	肌につやを与える
4	毛髪にはり、こしを与える	32	肌をなめらかにする
5	頭皮、毛髪にうるおいを与える	33	ひげをそりやすくする
6	頭皮、毛髪のうるおいを保つ	34	ひげそり後の肌を整える
7	毛髪をしなやかにする	35	あせもを防ぐ（打粉）
8	くしどおりをよくする	36	日焼けを防ぐ
9	毛髪のつやを保つ	37	日焼けによるしみ、そばかすを防ぐ
10	毛髪につやを与える	38	芳香を与える
11	ふけ、かゆみがとれる	39	爪を保護する
12	ふけ、かゆみを抑える	40	爪をすこやかに保つ
13	毛髪の水分、油分を補い保つ	41	爪にうるおいを与える
14	裂毛、切毛、枝毛を防ぐ	42	口唇の荒れを防ぐ
15	髪型を整え、保持する	43	口唇のきめを整える
16	毛髪の帯電を防止する	44	口唇にうるおいを与える
17	（汚れを落とすことにより）皮膚を清浄にする	45	口唇をすこやかにする
18	（洗浄により）にきび、あせもを防ぐ（洗顔料）	46	口唇を保護する、口唇の乾燥を防ぐ
19	肌を整える	47	口唇の乾燥によるかさつきを防ぐ
20	肌のきめを整える	48	口唇をなめらかにする
21	皮膚をすこやかに保つ	49	むし歯を防ぐ（使用時にブラッシングを行う歯磨き類）
22	肌荒れを防ぐ	50	歯を白くする（使用時にブラッシングを行う歯磨き類）
23	肌をひきしめる	51	歯垢を除去する（使用時にブラッシングを行う歯磨き類）
24	皮膚にうるおいを与える	52	口中を浄化する（歯磨き類）
25	皮膚の水分、油分を補い保つ	53	口臭を防ぐ（歯磨き類）
26	皮膚の柔軟性を保つ	54	歯のやにをとる（使用時にブラッシングを行う歯磨き類）
27	皮膚を保護する	55	歯石の沈着を防ぐ（使用時にブラッシングを行う歯磨き類）
28	皮膚の乾燥を防ぐ		

を除いて外国製化粧品には日本国内禁止成分が多く含まれている」と不満が漏れた。

これを機に同省は「化粧品規制のあり方に関する検討会」を組織し、規制緩和、グローバルスタンダードへの導入を固めていった。

✲全成分表示の開始

そうして改正薬事法が施行された。

主な改正点は、次の通りだ。

①化粧品品質基準の廃止、化粧品基準の制定

新しい化粧品品質基準は、ネガティブリスト（配合できない成分）、ポジティブリスト（配合できる成分）、リストリクテッドリスト（配合に制限を設ける成分）が明示された。リストに記載されていない成分の配合は、企業責任で行う。

②化粧品承認制度の改正

従前の承認制度は、基本的に廃止された（厚生労働大臣の指定する成分を含む一部の化粧品以外）。そのため、企業の製造責任が一層厳しく求められるようになった。

③表示しなければならない化粧品成分の改正

化粧品成分は全成分表示が義務づけられた。ただし、医薬部外品の全成分表示は求められていない。

表示方法は次の通りだ。

1. 成分の名称は邦文名で記載する。
2. 成分の記載順は製品における分量の多い順。
3. 混合原料は混合されている成分ごとに記載する。
4. 抽出物は抽出された物質と抽出溶媒または希釈溶媒を分けて記載する。

ネガティブリストになれていた日本の消費者は最初は反応が鈍かったが、近年では成分を確認し、自分にあった化粧品を選ぶ人も増えてきた。新たにオーガニック化粧品や機能性化粧品、医薬品に近い化粧品の開発など、この分野で特徴的なブランドを開発したメーカーもあり、全成分表示は新たな化粧品カテゴリーを開拓しつつある。

◎日本における化粧品関連法規制の経緯

医薬品および化粧品関連法規制の経緯			歴史的背景		
1870年	明治3年	「売薬取締規則」太政官布告	1870年	明治3年	ドイツ医学採用方針決定
		・売薬の販売は許可制			
		・有害薬品の排除			
			1871年	明治4年	西洋風理髪店開業
					石けんの初め
1876年	明治9年	「贋薬販薬取締法」			
1877年	明治10年	「売薬規制」太政官布告			
		・有害な物を禁止、無害無効なものはしばらく許可			
1878年	明治11年	「毒薬劇薬取締規則」			
1880年	明治13年	「薬品取締規則」			
		・贋薬不良薬品、毒劇薬取り締まり			
1886年	明治19年	「売薬検査心得」内務省訓令			
		・治療を目的としない化粧水、歯磨き粉は対象外			
		「日本薬局方」内務省制定	1887年	明治20年	鉛白粉による慢性中毒社会問題化
1888年	明治21年	「薬品営業並薬品取扱規則」			
		・最初の薬事法というべきもの	1889年	明治22年	「大日本帝国憲法」発布
1900年	明治33年	「有害性着色料取締規制」内務省訓令			
		・化粧品。食料品に対する特定着色料の禁止			
		「売薬規制外製剤取締規制」各府県令			
		・化粧品も規制対象			
1901年	明治34年	「鉛物使用禁止令」			
		・鉛白の使用禁止			
			1904年	明治37年	日露戦争始まる
1912年	明治45年	「毒物劇物営業取締規則」			
1914年	大正3年	「売薬法」	1914年	大正3年	第一次世界大戦参戦
		・売薬営業所の資格、原料の品質規格、売薬検査制度、広告規制			
1916年	大正5年	「売薬部外品営業規則」東京府警視庁令			
		・化粧品を抱合し、売薬に準じて規制			

医薬品および化粧品関連法規制の経緯			歴史的背景		
1932年	昭和7年	「売薬部外品取締規則」内務省令 ・売薬部外品に対する初の全国的規則 ・化粧品は対象外			
1940年	昭和15年	「化粧品取締規則」大阪府警視庁令			
			1941年	昭和16年	第二次世界大戦参戦
1943年	昭和18年	「医薬部外品取締規則」 「薬事法」制定 ・薬律（薬品）と売薬法（売薬）を統合			
1945年	昭和20年	法律に基づかない省令等すべて廃止	1945年	昭和20年	ポツダム宣言受諾、終戦
1947年	昭和22年	東京都令「化粧品取締規則」廃止 「医薬部外品等取締規則」 ・医薬品、医薬部外品、化粧品の区別 ・化粧品製造業者届出制	1947年	昭和22年	「日本国憲法」施行
1948年	昭和23年	「薬事法」全面改正 薬品関係、売薬関係の統合 ・医薬品、化粧品の区別 ・化粧品製造所、営業所登録制			
			1956年	昭和31年	国際連合加盟 昭和30年代サリドマイド事件、スモン事件
1960年	昭和35年	「薬事法」全面改正 ・医薬品、医薬部外品、化粧品、医療用具の区別			
1967年	昭和42年	「化粧品原料基準」厚生省告示 ・医薬品の安全性確保			
1979年	昭和54年	「薬事法」一部改正 ・許認可手続き簡素合理化	1979年	昭和54年	医薬品GMP実施
1993年	平成5年	「薬事法」および「医薬品副作用被害救済・研究振興基金法」一部改正			
2001年	平成13年	「薬事法」制度改正 ・「化粧品品質基準」廃止「化粧品基準」制定 ・化粧品の承認制度改正 ・化粧品への表示成分の改正			

化粧品原料の安全性と機能性

✲化粧品の原材料は1万種類超

日本製の化粧品、安全性を下支えしているのが「化粧品材料」だ。化粧品原料とは言葉の通り、各メーカーが製造、販売している化粧品の元となるもので、数多くの種類がある。主なものとしては、油脂・ロウ類をはじめとした油性原料、界面活性剤、保湿剤、酸化防止剤、色材類、香料などの他に、ビタミン、アミノ酸、ホルモン、などの特殊添加成分も化粧品の原料として使われる。

それらが肌を潤す、使用感や機能性を上げる、品質を安定させる、化粧品の色数を増やすなどの働きをすることによって効能を得ることが可能となる。現在では、日本国内で使用されている化粧品の原料は1万種類を超えている。

これは2001年4月に「化粧品等に関する規制緩和」が行われたことに因る。定められた成分ののみを使い、製造の申請が許可されたもののみを製造・販売できるという従来までの品目許可制度が廃止され、全成分表示を義務付ける代わりに企業責任の元に化粧品の製造・販売が可能となった。その結果、それまで使用できなかった原料も使用可能となり、化粧品原料の多様化が進んだ。

今では、化粧品原料は各メーカーにとって他社との差別化を図るポイントになっており、独自の原料を使用した商品を自社ブランドの強みとして消費者にアピールしている。

✲求められる安全性

化粧品は日常的に肌に使用するものであるため、

その原料には高い安全性が要求される。皮膚に触れた際の刺激やアレルギーを引き起こさないため、各メーカーは厚生労働省が定めた基準を守ることはもちろん、自社で化粧品原料を厳選し、安全性テストを行うなど厳しいチェックを実施している。

それでも2013年には起きたカネボウの美白化粧品による白斑事件が起きた。同社が製造した「ロドデノール」によって、肌がまだらに白くなる白斑症状を訴える人が2万人近くにものぼり、商品の自主回収を余儀なくされた。今では化粧品の成分にも対する消費者の意識が高まっている。

✲化粧品原料メーカーの動き

化粧品市場の拡大、天然由来原料の需要増加に伴い、化粧品原料を作る化学メーカーの各社も対応を進めている。

日油は、敏感肌、アンチエイジング向け商品の販売を拡大。またパッションフルーツやアケビ、山形県のブランド米「つや姫」の米ぬかから成分を抽出した製品を開発し、東アジア市場に向けた展開を強化。ADEKAは、界面活性剤で「高弾力性」「形状復元」をうたい文句にした「アデカノール」シリーズが好調。高価格帯から低価格帯まで幅広いメーカーの化粧品に採用されている。

KHネオケムは、約3億円を投じて四日市工場（三重県四日市市）の設備を増強。保湿成分「1、3-ブチレングリコール」を増産し、国内市場だけでなく中国市場を照準にしている。

また、化粧品原料市場には規制緩和以後、その成長性への見込みも相まって、他分野からの事業参入が続いている。高吸水性樹脂とその原料であるアクリル酸事業分野で世界トップクラスの日本触媒は、一つのポリマーに複数の機能を持たせた高機能化粧原料の開発を進め、化粧品原料の事業規模を2020年までに10億円、長期目標として事業規模を2025年に100億円とする計画を発表。大阪ガスはケトン体の一種「(R)-3-ヒドロキシ酪酸」を作ることに成功し、皮膚の老化を防ぐ効果があることをつきとめ、化粧品原料としての活用を目指している。

◎2015年全国化粧品出荷販売金額（単位：百万円）

品　目	平成27年（1月～12月）	前年比較		
		平成26年（1月～12月）	比較増減（△）	増減率（△）%
香水・オーデコロン	4,020	3,896	124	3.2
シャンプー	110,569	114,205	△3,636	△3.2
ヘアリンス	28,696	29,602	△906	△3.1
ヘアトニック	19,416	20,682	△1,266	△6.1
ヘアトリートメント	75,936	77,159	△1,223	△1.6
ポマード・チック・ヘアクリーム・香油	13,789	14,400	△611	△4.2
液状・泡状整髪料	11,173	12,291	△1,118	△9.1
セットローション	13,213	13,322	△109	△0.8
ヘアスプレー	22,643	22,701	△58	△0.3
染毛料	99,720	97,647	2,073	2.1
その他の頭髪用化粧品	12,910	12,358	552	4.5
頭髪用化粧品計	408,064	414,367	△6,303	△1.5
洗顔クリーム・フォーム	64,030	56,637	7,393	13.1
クレンジングクリーム	59,849	61,912	△2,063	△3.3
マッサージ・コールドクリーム	8,960	9,260	△300	△3.2
モイスチャークリーム	78,599	81,647	△3,048	△3.7
乳液	69,511	68,773	738	1.1
化粧水	164,217	157,697	6,520	4.1
美容液	143,338	137,451	5,887	4.3
パック	32,617	28,399	4,218	14.9
男性皮膚用化粧品	21,630	22,239	△609	△2.7
その他の皮膚用化粧品	63,343	56,686	6,657	11.7
皮膚用化粧品計	706,093	680,702	25,391	3.7
ファンデーション	129,973	137,325	△7,352	△5.4
おしろい	24,713	24,600	113	0.5
口紅	37,011	37,961	△950	△2.5
リップクリーム	10,549	9,735	814	8.4
ほお紅	12,382	12,810	△428	△3.3
アイメークアップ	40,325	40,509	△184	△0.5
まゆ墨・まつ毛化粧料	35,291	34,457	834	2.4
つめ化粧料（除光液も含む）	6,609	6,013	596	9.9
その他の仕上用化粧品	5,551	5,028	523	10.4
仕上用化粧品計	302,405	308,437	△6,032	△2.0
日やけ止め及び日やけ用化粧品	50,117	42,857	7,260	16.9
ひげそり用・浴用化粧品	8,224	8,689	△465	△5.4
その他の特殊用化粧品	28,086	29,136	△1,050	△3.6
特殊用化粧品計	86,427	80,683	5,744	7.1
化粧品合計	1,507,008	1,488,085	18,923	1.3

CHAPTER 3

化粧品業界の主な企業プロフィル

CHAPTER 3

資生堂　世界屈指の国内リーダー

✲東洋と西洋の交流を目指す老舗

1872（明治5）年、東京・銀座に日本で初めての民間調剤薬局「資生堂薬局」として創業した。1897（明治30）年に化粧水「オイデルミン」など で化粧品業界に進出して以来、着実に業績を伸ばし、わが国化粧品業界のトップ、世界でもトップファイブに入る現在の地位を確立した。

「三越で買い物をして資生堂パーラーで食事をする」のがぜいたくだった時代は遠くなったが、創業時から「西洋と東洋の文化と技術の交流」を基本に「美と健康と若さ」を保つ生活文化提案型の事業展開を行っている同社には、西洋の香りが象徴されていた。なお、「資生」とは「易経」の「万物資生」から引用された言葉で、企業理念である「新しい価値を創造する」につながっている。

業界では国内トップ、世界でもトップ10に入る化粧品業界のリーダー的存在だが、難しい舵取りが続いている。

✲中国市場、負の遺産を整理

13年、反日感情からのデモ等の影響で中国事業の不振に陥り、最終赤字に転落した。

そこで、新社長に日本コカコーラの元社長・会長を経て、資生堂のマーケット統括顧問の魚谷雅彦氏を社長に据えた。新体制になって掲げたのは、それ以前の自己資本利益率や株主価値を重視するのではなく、「世界で勝てる日本発のグローバルカンパニー」を目標にした。

まず負の遺産の整理に着手。中国事業で積み上がった在庫を処分。10年に買収、その後不振が続いていた米・ベアエッセンシャルののれんなどで700億円以上の減損処理を実施した。これらの手術が成功し、17年12月期は10年ぶりに営業最高益を更新した。

16年、6つの地域本社と5つのブランドカテゴリーを掛け合わせた、グローバル経営体制を構築した。地域本社それぞれに大きな権限を移譲、責任を明確化することで、ニーズに見合う地域の経営体制を敷いた。18年10月、本社部門の英語公用語化に踏み切った。

◎カテゴリー別ブランド

○プレステージ
（百貨店、専門店等）
SHISEIDO クレ・ド・ポーテ、イプサ、ベネフィークほか

○フレグランス
（デザイナーとのコラボ）
Dolce&Gabbana ISSEY MIYAKE ほか

○コスメティックス
（ドラッグストア等）
エリクシール、マキアージュ、HAKU、プリオールアネッサほか

グローバル企業への進化を加速する同社は18年9月、主力ブランド「SHISEIDO」のメーキャップの新商品124種類を、世界の80以上の国・地域で展開する。新商品はメーキャップの開発機能がある米国で日米の開発担当者が連携した生み出された。

また、仏の化粧品メーカーと合弁会社「ピエールファーブルジャポン」では、20代前半の女性をターゲットにしたスキンケア「アベンヌ」を刷新。若年層開拓にも本腰を入れている。

✲銀座に旗艦店をオープン

同社は18年、銀座に旗艦店「SHISEIDO THE STORE」を開業した。「クレ・ド・ポー・ボーテ」など高価格帯を中心に、50種類以上のブランドを販売するほか、ヘアサロンやエステサロンも併設した総合的な美容サービスを提供する。国内外の消費者へのブランド発信拠点となる。また、20年までに世界の88カ国の国・地域で展開する売り場を改装する。デジタル機器を多く使い、30代前半以下の世代にアピールする狙いだ。

CHAPTER 3

カネボウ化粧品　軽やかに名門再生中

✼日本近代化を支えた名門企業の新看板

1887（明治20）創業の鐘紡紡績は日本の近代化を支えた巨大企業。1961年、新たに化粧品事業に参入し、下降気味な繊維産業と双璧をなす大看板に育て上げた。これに気を強くして、その後も食品、医薬品、住宅へと新規事業参入を続けた鐘紡はついに6事業からなる「ペンタゴン経営」を構築。名門の屋台骨の強さを見せつけた。

✼カネボウの終焉

だが実態が伴わず、企業名を「鐘紡」から「カネボウ」に変更し、化粧品を主とする会社に生まれ変わり、再生の道を探る。が、04年に経営陣は総退陣し、再生機構の再建計画で化粧品部門は分社化し、再生機構とカネボウの出資による新会社「カネボウ化粧品」を立ち上げた。2006年、花王が買収。旧カネボウは解散し、近代殖産産業の旗手は120年の歴史を閉じた。

花王はカネボウ化粧品を自社の化粧品事業に組み入れるのではなく、連結子会社とした。このためカネボウ化粧品独自の商品企画力や化粧品専門店チェーンはそのまま残り、ブランド力も維持された。

✼成長戦略を練り直す

新カネボウ化粧品は船出は順調だった。新規投入した高級スキンケア、特に「コフレドール」は年商100億円を記録した。

ところが13年になると、大きくつまづくことになった。医薬部外品で有効成分ロドデノールを配合した美白化粧品を使用し、まだらに白くなる白斑様症状の被害が相次ぎ、自主回収を迫られたのだ。顧客の信用を失い、挽回するための努力が続いている。

現在資生堂、コーセーのライバル2社の差は縮まっていない。その理由として挙げられるのが主力商品の違いである。同社は「マススキンケア」（普及価格帯）は強いが、「ハイプレステージ」（高価格帯）は弱いというのが定評だ。好業績を上げているのがハイプレステージで、しかもインバウンド需要の取り込みも遅れている。さらにインターネット通販を始めたのも17年と遅い。

今後はプレステージに注力する方針を打ち出している。販社の中にプレステージ販売の専門組織を設けた。美容部員にも専門能力を磨く研修会なども実施する。

✼ 海外展開を強化

現在、カネボウの売上高に占める海外比率は約2割程度とみられている。5割を超える資生堂には遠く及ばない。主戦場の中国では品揃え（12から3ブランドに）と販路の絞り込みを行った。中国では卸業者経由の販売を除き、同社商品の販売の4割がECに切り替わった。国内外でソーシャルメディアを活用したマーケティングに注力していく考えだ。消費者にブランドイメージを定着させるには時間がかかる。富裕層が増える中国で、高級ブランドを育てていくのか、注目されるところだ。

◎カネボウ化粧品の主要ブランド

販　路	ブランド名	商品分類
百貨店・専門店	KANEBO	スキンケア
	ルナソル	メーキャップ
ドラッグストア他	エビータ	スキンケア
	DEW	スキンケア
	KATE	メーキャップ

CHAPTER 3

花王　カネボウ化粧品の販社を一体化

✲日用品から化粧品へ

1887（明治20）年に、長瀬富郎が開いた洋小間物商が前身。1890（明治23）年にはわが国初の銘柄入り石けん「花王石鹼」を発売。当時はまだまだぜいたく品だったが、外国からの輸入ものに比べても少しも劣らない品質は宮内省ご用達にまでなった。1931年に「新装花王石鹼」、32年には洗う対象を広げて「花王シャンプー」、34年には小粒の洗濯石けん「ビーズ」、36年には日本初の中性洗剤「エキセリン」、戦後になって51年スープレスソープ「花王粉せんたく」を発売。いずれも好評を収め、54年に新生花王石鹼株式会社が発足した。

月のマークは1890年の「花王石鹼」から登場している。「花王」の由来は「顔を洗う」をもじったものだが、企業理念である「清浄奉仕」を表現するため美と清浄の象徴である「月」を擬人化した。「三日月に顔」は今も同じだが、表情や顔の向きなどが長い年月の間に簡略化されてきている。

家庭用品が売上高の8割を占める花王は、小売主導の価格下落にさらされているものの、相変わらずトップの位置は揺るがない。

花王が4100億円を投じて得たカネボウ化粧品を、自社の化粧品事業に組み入れるのではなく、連結子会社とした。買収資金以外にも商標権などの償却負担が増えたが、大量販売であるため流通に左右されてきた日用品ではなく、高付加価値ビューティーケア分野のパイプを太くした。同社にとって、化粧品は「将来の成長の基盤作り」であり、売り手本意の日用品マーケットに対して「市場環境の健全化への布石」だった。

さらにカネボウ化粧品の大看板は花王にとって、仏ロレアル、米プロクター・アンド・ギャンブルなどと国際競争力を繰り広げるための武器と位置づけた。

✲高級ブランド「SENSAI」を前面に

花王の化粧品事業は近年、停滞気味だった。17年12月期の売上高は2427億円。実質ベースで前期比2%にとどまった。人気の高い高品質・高価格帯の品揃えが弱いのがネックになったようだ。

そこで18年、世界で49にのぼるブランドのうち、マーケティング投資を高級品の「SENSAI」など11ブランドに集中させる成長戦略を発表した。インバウンドや各国免税店で拡大している高級品需要の取り込む狙い。

「SENSAI」を旗艦ブランドと位置づけ、19年に日本、20年には中国に展開していく計画だ。

✲カネボウ化粧品と販社を一体化

花王は販売子会社のKCMK（花王グループカスタマーマーケティング）の機能を強化するため、18年1月にKCMK傘下の花王とカネボウ化粧品の販社を一体化した。美容部員をマネジメントする専門会社も新設した。

ネット通販や共同配送を通じた物流の効率化にも取り組む。

◎事業構成（17年12月期）

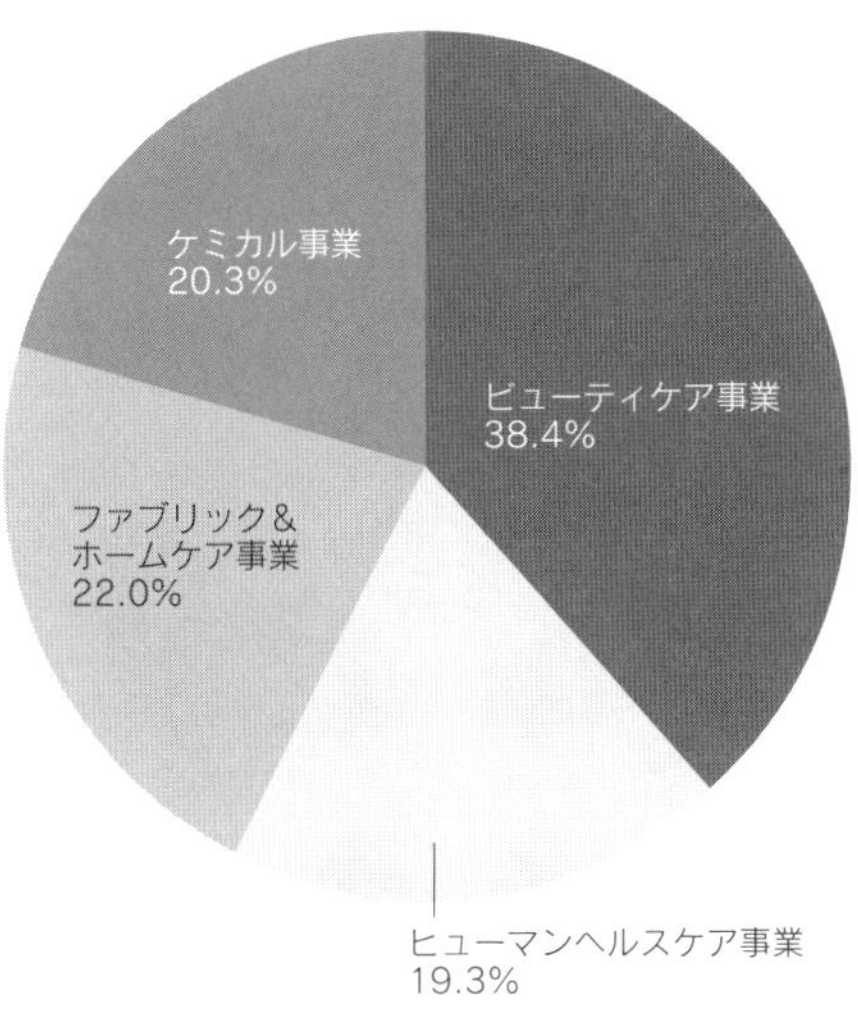

CHAPTER 3

コーセー　開発に注力する伝統は健在

1946年、小林孝三郎によって前身の小林合名会社を創業。2年後、株式会社小林コーセーに変更。同時に「KOSEI」のブランド名を発表した。

創業当時から美容部員による店舗での対面販売形式をとり、口紅やファンデーションを主力商品としてきた。その一方で、70年代には、業界に先駆けて美容液「RCリキッド&FCリキッド」、「パウダーファンデーション」「ツーウェイファンデーション」など先進的な化粧品を相次いで発売した。

✲アウト・オブ・コーセーが充実

売上高は5期連続、営業利益は4期連続で過去最高を更新している。高価格帯のハイプレステージ領域を中心に据えるものの、消費者の多彩な嗜好に対応するため、「アウト・オブ・コーセー」のブランドを多く持つのが特徴だ。高級スキンケア製品およびベースメイクが好調だったアルビオングループ、店頭販売・Eコマースともに高成長が続くタルト（14年買収）、「ジルスチュアート」などがある。

特にタルトのビジネス戦略は目を見張る。同社を14年に買収したのは「チープな色使い、手作り感満載のパッケージ、ソーシャルメディアを駆使する販促方法」など自社と逆をいくスタンスに刺激されたからだという。

日本での知名度は低いが、SNSに特化した販促は驚くほどの影響力がある。タルトのインスタのフォロワーは約750万人。仏ロレアルの370万人や米エスティ・ローダーの190万人を遙かにしのぐ。ネットで情報を収集して買い物をする「ミレニアム世代」に受けている。

「デコルテ」は同社の最高峰の基幹商品。70年に誕生以来、基礎化粧品から、メイク、ボディケア、フレグランスまでフルラインの品ぞろえを誇る総合的ブランド。2012年からアジア、欧州、北米など世界に販路を広げ、18年3月期の実績で国内外で過去最高の売上を記録した。

✲ 海外展開に注力

海外進出は68年に香港に進出したのが始まりだ。その後同社の海外展開はトップの資生堂と比べればまだ見劣りしている。現在、アジアには中国、台湾、韓国、シンガポール、マレーシア、タイ、インドネシア、インドに拠点を置く。海外売上高比率は25％程度であるが、その進み方は急だ。中国国内では、かつてインバウンドで爆買いの対象になった「雪肌精」は、中国国内の販売網が整備されたことで日本での需要の伸びは鈍い。中国事業については17年、大きな政策転換を実行。現地ブランド品の生産子会社「高絲化粧品有限公司（杭州）」を売却し、委託生産に切り替えた。今後は経営資源を販売に集中し、〝日本製〟の需要開拓を促進する。

欧州ではイタリアをはじめ英国、フランス、ドイツなど8カ国で販売するが、いずれも輸出で対応している。2016年には未開拓市場である南米のブラジルに進出した。コーセーブラジル（サンパウロ）を設立し、ヘアケア商品の取り扱いをサンパウロ、リオデジャネイロで始めた。ブラジルの化粧品市場は米、中国、日本に次ぐ世界4位で、とくにヘアケア商品の需要がおう盛なのが特徴という。ブラジル全土への展開を順次進めていくことになりそうだ。

✲ 新たな研究体制を構築

2016年、創業70周年を機に「研究所ビジョン」を策定した。グローバルな競争力・市場創造力の強化に向けて研究体制を強化するもので、2017年に「価値創造研究室」を設置、また、欧州初の研究拠点として、皮膚科学の最先端技術が集まるリヨンに「フランス分室」を開設した。さらに2019年に「先端技術研究所」が完成すると、国内研究拠点が創業の地である北区王子地域に集約される。

CHAPTER 3

マンダム　男性化粧品でトップを争う

1927年、「金鶴香水」として創業。同社の名前が全国区になったのは「丹頂チック」。スティック状で使用する分だけ、押し出して髪を整えるこの商品は、33年に発売されるや爆発的なヒットとなった。同社の経営基盤を築いたブランド名にちなんで、59年に「丹頂」に社名を変更した。

ところが、我が世の春は資生堂の「MG5」の登場で終わってしまう。会社の屋台骨が傾きかけた70年、世界的俳優、チャールズ・ブロンソンを広告キャラクターに起用した「マンダム」シリーズで蘇った同社は、社名をまたもやブランド名の「マンダム」に変更した。

マンダムの攻勢は続く。78年、現在まで続く主力ブランド「GATSBY」シリーズを発売。84年には女性化粧品市場に参入した。89年には業界初の無香料化粧品「ルシード」を誕生させ、人気と話題を呼んだ。

96年、「GATSBY」の売上高が、男性化粧品市場で初めて100億円を突破。これは若い世代の化粧意識の変化を察知し、整髪以外の商品を積極的に投入した成果でもある。

マンダムは売上高のうち男性化粧品が6割を超えている。それに遅れをとっているのが女性用で、年々売上げを伸ばしているものの、売上げ高比率は3割に満たない。成熟期を迎えた市場、少子高齢化の影響が色濃くなる中で、さらなる強化か不可欠となっている。

✲ インドネシア市場に絶対の強み

同社は、100周年を迎える2027年までに海

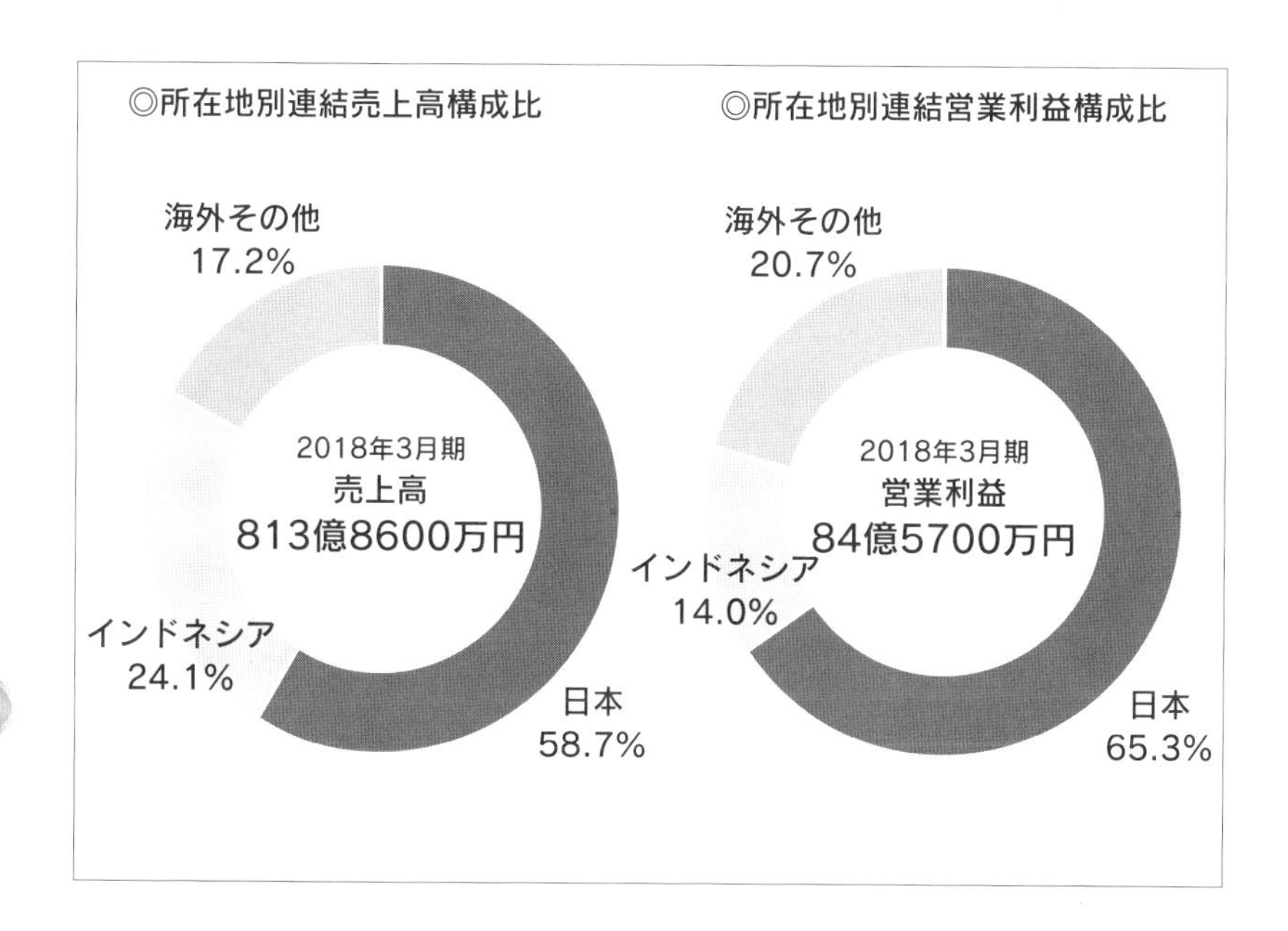

外売り上げ比率を現在の41%から65%に引き上げる方針だ。経済成長の伸びしろがあるアジアに重点を置く。海外展開は58年にフィリピンに進出したのを始まりとして、1969年にインドネシア・ジャカルタ市に現地法人を設立。男性化粧品市場を開拓・育成しながら事業を拡大してきた。1万3000を超えるといわれる島々のネットワークを現地代理店と協働で構築している。現在、インドネシア市場は海外比率の約6割を占めている。

12年度からは毎年1~2名、インドネシアの研究職スタッフが、日本で研修している。処方開発ノウハウを学び、現地生活者のニーズをスピーディーに商品化するためだ。その成果も出ている。

中国市場への進出にも積極的だ。販売に特化する子会社を設立、上海・北京・広州に事業所を設けている。他にもタイ、インド、マレーシア、シンガポールなど10の国・地域で事業を展開中だ。

CHAPTER 3

プロクター・アンド・ギャンブル・ジャパン 経営の根幹握るマーケティング力

プロクター・アンド・ギャンブル（P&G）は、アメリカ・シンシナティに本拠を置く。創業は1837年。石けん・ろうそくメーカーとしてスタートし、製品は洗濯・食器用石けん、家庭用合成洗剤、歯磨き剤とビジネスを拡大していった。

現在ではホームケア製品、紙製品、化粧品、ヘアケア製品、食品、トイレタリーなど幅広く、世界180カ国以上で事業展開。10億ドル以上を売り上げるブランド数24を誇る。

定評あるのはマーケティング力。今では当たり前になっているが、20世紀初頭にサンプル配布や新聞等での大規模広告活動を展開し、世間を驚かせた。その伝統は現在でも続いており、経営の根幹を握っている。ブランドごとに事業活動が徹底されており、市場調査から研究開発、生産、販売戦略などを統括するのはマーケティング担当者がリーダーとなる。そのブランド戦略は、社員同士で激しい競争をさせながら作り上げられている。

P&Gが日本市場に参入したのは1973年。日本サンホームと合弁会社を設立。製品第1号として発売した洗濯用洗剤「全温度チアー」が大ヒットした。78年、P&Gはプロクター・アンド・ギャンブル・サンホームを100％子会社化した後、買収や売却を繰り返し2006年、プロクター・アンド・ギャンブル・ジャパンとなった。その間、赤ちゃんおむつ「パンパース」、生理用ナプキン「ウィスパー」、粉末洗濯用洗剤「アリエール」など、数多くのヒット商品を生み出している。

日本はアジア・太平洋地区の重要な拠点になっている。

✲マックスファクターを傘下に

現在、P&Gが注力しているのはヘルスケア事業と化粧品事業だ。化粧品会社の老舗マックスファクターを傘下にいれた91年、スキンケア製品「SK－II（エスケーツー）」を発売。看板商品である「フェイシャル・トリートメント・エッセンス」（化粧水）は150㎖で1万円以上する高価格商品にもかかわらず、30代以上の女性に評判を呼んだ。

看板商品となった「SK－II」はアジア地域にも輸出されたが、2006年、中国で化粧品への使用禁止成分が検出されたと報道。ジャパンバッシングと重なって一時紛糾したが、独自の検査結果から問題はないと判断。中国側もこれを受け入れ、安全宣言を出したことで問題は収拾している。

「SK－II」の固定ファンをしっかりつかみ、また、スキンケアブランド「オレイ」も二ケタ成長している。「セーフガード」「オールド・スパイス」「シークレット」などのブランドを含むパーソナルケア部門も好調だ。

✲働き方の多様性を訴求

経営戦略の一環として「ダイバーシティ&インクルージョン（多様性の受容と活用）」を掲げる同社は、女性活躍推進、多様な社員が一人一人最大限能力を発揮できる組織づくりを行っている。

25年以上にわたって推進してきたそのノウハウを、広く社会に提供する取り組みを始めた。これまで他企業、行政、大学など300を超える組織にノウハウや研修を提供している。

こうした取り組みが評価され「フォーブス ジャパン ウーマン アワード2018」で企業部門「多様性推進賞」グランプリを受賞した。同賞は世界的なビジネスリーダーのためのメディア「Forbes JAPAN」が主催するもので、1000人の働く個人と1000社の企業が選ぶ日本最大規模の女性アワード。16年から開催され、同社は初回で企業部門「活躍推進部門グランプリ」「革命をもたらすリーダー賞」、2回目の「人材開発賞準グランプリ」をとり、今回で3年連続の受賞となった。

CHAPTER 3

ポーラ　従来の訪販システムから脱却

鈴木忍が静岡で創業。1946年、株式会社ポーラ化粧品本舗を設立。ポーラレディと称する販売員がユーザー宅を個別に訪問し、販売するスタイルを採用し、順調に業績を伸ばしていく。店舗や小売店ルート等が必要ないため、コストがかからない。販売店として参入しやすい利点があった。

ところが80年代に入るとその勢いに陰りが見え始める。女性の社会進出で日中の在宅率が低下したことや、流通の拡大により、スーパーや専門店など、化粧品を扱う多様な業態ができたことなどの要因が大きな壁となって立ちはだかった。

ポーラは訪販システムの見直しを余儀なくされる。そこで新たな戦略が立てられた。ひとつは販売チャンネルの多角化である。85年、通信販売と店舗販売を展開する「オルビス」、89年、ユーザー個人の肌質に合わせたオーダーメイド化粧品「アペックス・アイ」の発売に合わせて、百貨店チャンネルに進出した。さらに93年には、関連会社ｐｄｃを設立、ドラッグストアや量販店などの販路に進出した。

さらに、テレビショッピングの会社「フューチャーラボ」がグループに入った。

集客型店舗を積極展開

06年9月、ポーラ・オルビスホールディングを設立し、持株会社に移行。10年には東京証券取引場市場に上場した。多様化する顧客のニーズに応じたブランドの構築と流通チャンネルを再構築する。

ポーラは従来のハイプレスステージ市場をターゲットにし、店舗型メインにビューティーディレクターを通じてサービスを提供していく。主力シリーズは「B．A」と「ホワイトショット」シリーズ。

一方、オルビスは中価格帯が中心で、ショッピングサイトやカタログによる通信販売、駅ビルなど商業施設での直営店販売（約110店舗）を展開する。商品はスキンケアの「オルビスユーシリーズ」、健康食品が中心。

近年では訪問販売を進化させた集客型店舗を積極的に展開している。化粧品・カウンセリング・エステティックを行う「ポーラ ザ ビューティー」（全国660店舗）だ。また、百貨店への出店拡大ゅ約53店舗）、一流ホテル・レジャー施設などの業務用市場への参入している。

✻しわ改善化粧液が大ヒット

商品化に15年かけ、17年1月に売り出して国内初のシワ改善化粧液「リンクル ショット、メディカル セラム」が売れ続けている。厚生労働省の承認得た医薬部外品で、改善効果が明確に示されている。価格は1本1万6200円と美容液として安くはないが、発売から半年で約87億円を売り上げで大ヒット。近年の化粧品業界の最大のヒット商品といえるだろう。

海外市場に関して海外売上高比率は現在8％台にとどまっている。中国事業の不振などが思うような成果が上がっていなかったが、このリンクルショットが、海外開拓への大きな武器になる可能性がある。

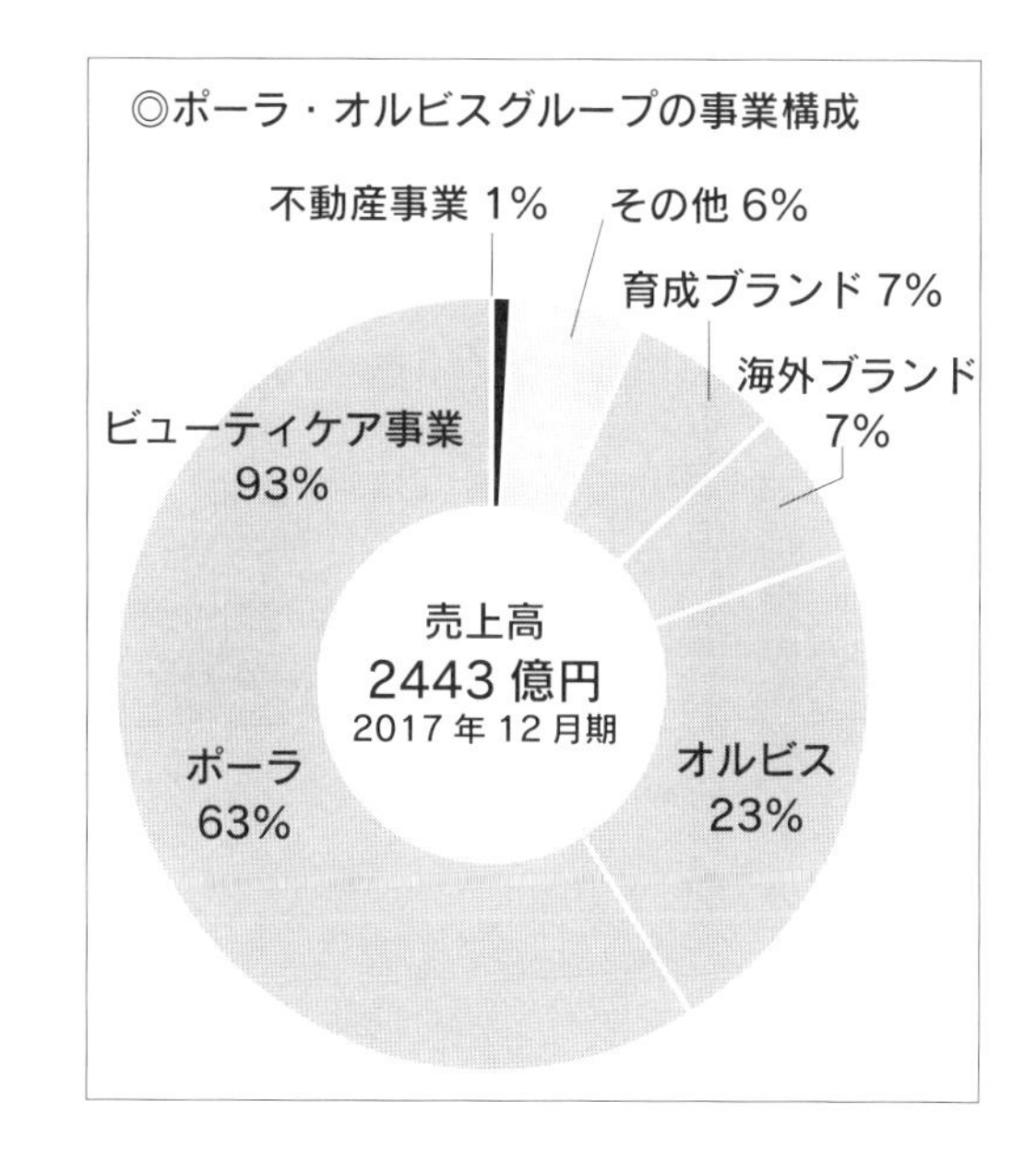

CHAPTER 3

日本ロレアル　世界トップの実力企業

ロレアルはパリに本部を置く世界ナンバーワンの化粧品会社である。１９０７年、フランス人化学者、ウージェンヌ・シュエレールが、安全性の高いヘアカラーをつくり出したことに始まる。

間もなく美容分野に進出、事業を拡大していった。現在、世界１３０カ国・地域でビジネスを展開し、6万人以上の社員がいる。

日本では63年、ロレアルと小林コーセー（現・コーセー）が提携。サロン向け製品の開発を始めた。後に提携を解消し、96年に日本ロレアルを設立した。

ロレアルグループの中で、日本ロレアルはパリ、ニューヨークに次ぐ第3の戦略的拠点として位置づけられている。それは、日本人ユーザーの品質やサービスに対する意識の高さ。そして、競合する同業他社の製品開発に取り組むスピードとクオリティは世界のトップクラスにあるからだ。

✲国立研究所NIMSと提携

ロレアルはアジア初の研究所として研究開発部門を１９８３年に開設。活動の持続的な拡大に伴い、現在、かながわサイエンスパーク内（ＫＳＰ）に「日本ロレアル リサーチ&イノベーションセンター」を設け、フランス以外では初めて、基礎・応用・開発・評価のすべての研究段階を備えた研究体制を敷き、全世界に向けた製品開発を行っている。

この間、同センターでは日本人の皮膚や毛髪を研究し、日本の新規な素材やイノベーションを取り入れることで、独自に開発した技術を世界に発信できるまでに成長している。

また、18年7月、日本発のオープンイノベーションを積極的に推進するために、材料研究を専門とする国内唯一の国立研究所NIMSと連携して共同研究センターを設立している。第一段階の3カ年計画（2018年度~2020年度）では、形状記憶特性を持つ刺激応答性ポリマー（スマートポリマー）材料を活かし、自由自在のヘアスタイルを保持できるヘアスタイリング製品への応用に注力。また、しわ、たるみなどのエイジケアにアプローチするスキンケア製品への活用の可能性についても検討していく。

◎ロレアルグループのブランド（日本展開）

○プロフェッショナル向け

- ロレアルプロフェッショナル
- ケラスターゼ
- アトリエ　メイド by シュウ　ウエムラ
- アレクサンドル　ドゥ　パリ

○高級志向

- ランコム
- ヘレナ　ルビンシュタイン
- キールズ
- シュウ　ウエムラ
- ジョルジオ　アルマーニ　コスメティックス
- イブ　サンローラン
- ディーゼル　フレグランス
- ラルフローレン　フレグランス

○コンシューマ向け

- メイベリン　ニューヨーク
- ロレアル　パリ

○アクティブコスメテックス

- ラ　ロッシュ　ポゼ
- スキンシューティカルズ

CHAPTER 3

ファンケル　無添加化粧品の先駆け

1980年、「ファンケル化粧品」として創業。脱サラの創業者・池森賢二社長が個人で興し、翌年会社組織へ。通販化粧品会社の先駆けとなった。

創業時のエピソードはよく知られている。当時、社会問題になっていた化粧品による皮膚トラブルに目をつけた池森社長は、香料や防腐剤を一切使用しない無添加化粧品を自ら考案した。これを持って、一軒一軒を訪問販売。さまざまな意見を取り入れて改良を重ね、量産・通販の道筋をつけた。

販売形態を通販にしたのは、目に見える形で「保存が効かない」ことをアピールするため。倉庫で保管したり、店舗で在庫すると化粧品が腐り、トラブルの原因になる。無添加化粧品の命は新鮮さ。そこで注文を受けた段階で、工場から直接顧客に届けるシステムにした。また、製造年月日と開封した後の賞味期限を明記、瓶は硬質ガラス製で小分けして使い切るタイプにするなど工夫を凝らした。

これら、これまでの化粧品販売になかったきめ細かなサービスが消費者の心をつかんで、「ファンケル」は爆発的にヒットした。89年には、同じく化粧品・健康食品を扱う「アテニア」を設立。こちらは高機能・高品質・低価格をコンセプトにした「アテニア」ブランドで別のファン層をつかんだ。

一方、新規事業としては健康食品やサプリメントなどの栄養補助食品、女性用肌着へと事業拡大を図ってきた。

✽シニア向け化粧品ブランド

2016年、シニア向け化粧品ブランド「ビューティーブーケ」を立ち上げた。シニア層へのアプローチは初めてのこと。全6品目。独自開発した発芽米発酵液を全商品に配合している。60代以上の女性のごわつきやすい肌をほぐす効果があるという。

また。工夫を凝らしたしたの握力が弱くなるシニア世代が使いやすい容器を開発したほか、化粧品を使う順番を大きな数字で表示した。顧客は当初目標を大きく上回っている。販売が通信販売が主だが、ドラッグストアへの展開を検討している。

目標は、海外売上高比率25％

現在1割未満にとどまっている海外売上高を、30年度には25％に引き上げる計画だ。国内充実による業績の立て直しを優先してきたことも海外展開の遅れにつながったと言われる。少子化などで中長期の国内需要の伸びが見込めないなか、改めて海外展開重視を打ち出した。

そのためには存在感あるブランドが欠かせない。同社にとってはスキンケアブランド「ボウシャ」が当てはまるだろう。北米では「インスタ映え」するとして話題になり、大手化粧品専門店「セフォラ」など約1000店で展開する。今後はセフォラとの連携を生かし、欧州や中近東にどに展開エリアを広げていく計画だ。

「ファンケル」ブランドでも、アジア展開を加速する。現在は中国やシンガポールなど4カ国・地域で販売しているが、さらに3～4カ国進出する考えだ。アジアでは直営店も展開する。

生産拠点の整備

国内に加え、インバウンド需要が業績の追い風になって、20年度の売上げ目標1260億円を2年前倒しした。00年代から注力してきた直営店だけでインバウンド需要による売上高が40億円以上になった。営業利益も10％を確保する見込みだ。

課題は生産体制の再構築だ。化粧品製造している千葉工場に隣接場所に新棟を建設し、主力商品の生産拠点として整備する計画だ。19年末までに稼働させる予定。

CHAPTER 3

ディーエイチシー（ＤＨＣ）通販化粧品メーカーの雄

創業者の吉田嘉明社長が１９７２年、大学の研究室を相手に洋書の翻訳委託業を行ったのが始まり。75年には出版事業を中心とする会社組織に改編し、「大学翻訳センター」を略して「ＤＨＣ」。80年、友人である歌手・俳優の美輪明宏の話にヒントを得て、全くの畑違いの化粧品分野に進出した。

化粧品事業は、83年から始めた基礎化粧品の通信販売でブレイク。再販制度が崩れ、一般の量販店やコンビニエンスストア、ドラッグストアなどで化粧品を買い求める若い人たちが増えたのに着目し、新しい無店舗販売を提案。「ＤＨＣオリーブバージンオイル」など、同社しかない良質かつ手頃感のある価格帯の商品で知名度を高めた。

✲ 販売チャンネルの多角化進展

同社の販売戦略は徹底している。大量のサンプル配布、テレビＣＭの大量投下によって消費者に浸透させていく一方で、口コミを積極的に活用している。愛用者から送られてくる感想や商品情報をまとめて消費者にフィードバックする。マスとミニをうまく使って、通販化粧品メーカーの地位を築いていく。

ＤＨＣは化粧品業界の常識を打ち破り、99年、コンビニエンスストア（セブン-イレブン・ジャパン、ローソンなど）で販売する手法を採用。基礎化粧品「プチシリーズ」が人気を呼んでもコンビニ化粧品の販売チャンネルを確立した。さらに、量販店やドラッグストア、バラエティショップ等へも販売網を拡大。スキンケア、メーク、メンズスキンケア、健康食品などを展開し、それぞれのチャネルに対応した商品開発にも注力、現在、ＤＨＣ商品を取り扱う

◎DHC の事業

○化粧品
DHCオリーブバージンオイル
スキンケアシリーズなど

○インナーウェア
オリジナル商品

○健康食品
サプリメント各種
食品オリーブオイル

○ビューティ
エステサロン「花の部屋」

○翻訳・通訳

○出版

○教育

店舗は、全国6万8000店以上に及んでいる。

また、直営店を03年にオープン。18年4月現在、228店舗を展開している。また、インターネットの「DHCオンラインショップ」では、キャンペーン情報などをコンテンツが充実。多くの利用者を集めている。

✼事業の多角化で拡大路線へ

健康食品（サプリメント）、インナーウェア、エステティック、リゾート、教育、アパレル、スパ、医薬品と次々に異分野に興味を示し、新規事業の開拓に余念がないDHC。さまざまな事業で提供する「美容」と「健康」の相乗効果もあって、柱である化粧品通信販売の会員は2018年春現在、1400万人を突破している。

屋台骨を支える化粧品事業の中で近年、とくに期待しているのは市場が急拡大している男性化粧品。若者向けの「DHCフォーメン」シリーズ、少し上級者向けの「DHCフォーメンハイライフ」シリーズの2ブランドで、隠れた市場を発掘している。

業界トピックス

◇外資系化粧品会社、日本に生産拠点

訪日客の間で日本製化粧品の需要が高まる中、それに対応するため外資系化粧品会社は、日本で生産拠点を増強している。米プロクター・アンド・ギャンブルは、滋賀工場に新棟を建設し、主力ブランド「SK-II」の大半を製造する。生産能力は2倍になる。

一方、英蘭ユニリーバ・ジャパンはヘアケア商品を製造する相模原工場に新たな生産工場を導入するほか、協力工場を含めて生産能力を倍増する。

◇ちふれHD、高価格帯化粧品を刷新

ちふれホールディングスは、新高価格帯ブランド「ヒカリミライ」を発売した。従来の「綾花プレステージ」を「ヒカリミライ」置き換える。ちふれグループは低価格帯の「ちふれ」が主力ブランドだが、近年の好評の高価格帯化粧品に対応するものだ。

◇富士フイルムとキリンが共同で、美容飲料

富士フイルムは高級化粧品「アスタリフト」の美容成分「ナノアスタキサンチン」と「ピュアコラーゲン」を生かした美容飲料「キリン　アスタリフトウォーター」を発売した。飲料に具現したのはキリンビバレッジで共同開発となる。

◇資生堂、花粉付着防止のスプレー＆ジェル

資生堂は花粉などを肌に寄せ付けない花粉付着防止商品を拡充させている。MPCコポリマーによる花粉吸着防止の技術を活用したスプレー「イハダ　アレルスクリーン」は1日3～5回使用、メークの上からでも使用できる。またジェルタイプの「イハダ　アレルスクリーンジェル」は鼻の穴の周りはや目の周りに塗ることで防御効果が期待できるという。

◇資生堂・気象協会、シミ悪化リスクを指数に

資生堂と日本気象協会は、湿度と紫外線の状況から肌のシミが悪化するリスクを指数化した「シミ・リバウンド指数」を開発した。気象協会の専門サイトで公開している。

資生堂は秋冬に美白ケアを止める女性が多いことに着目。秋冬の乾燥や紫外線がシミを悪化させる状態を「シミ・リバウンド指数」と定義した。指数は５段階で紫外線が強く、乾燥している状態をリスク5として、段階に合わせたスキンケアの方法を提案する。

CHAPTER 4

化粧品業界のさまざまな仕事

CHAPTER 4

文化を創造するA to Z

川上から川下まで自社で〝ものづくり〟

国内の化粧品会社には、川上の基礎研究から川下の小売りまで、さまざまな職種がある。

例えば、化粧品の成分やブレンドなどの内容物は自社で研究開発しても、パッケージや容器のデザインをアウトソーシングしたり、広告宣伝はフリーランスの手を借りたり、卸など流通経路の一部を専門会社のルートを利用したりする製造業は多いが、国内の化粧品業界ではすべてを内製し、自社のオリジナルルートで流通させている企業が多い。

企業・組織を挙げて「ものをつくり」「ものを売っている」業界といえるだろう。

職種によって専門性が異なる

化粧品会社の職種を理解するには、その組織形態を知ることから始まる。商品が生み出され、消費者の手元にわたるまで大きく4分野に分けられる。

第1分野は、商品を新たに誕生させる商品企画、研究開発、生産工程、第2分野は商品を一般消費者にPRする広報・宣伝分野、第3分野は商品販売の最前線に立つ営業。そして第4分野が、商品を統括して管理するセクションだ。

ただし例外も、もちろんある。例えば外資系化粧品会社は商品企画から生産までは本国で行うことが圧倒的に多いので、日本法人では2分野から4分野の部署が中心となる。このように会社組織や規模などのあり方によって、職種は異なってくる。

また、職種名が同じでも業務内容が異なる場合や、異なる職種でも業務内容が重なることがある。そのため、志望する企業の職種内容を正確に把握しておくことも大切だ。

新卒採用はおおむね、研究・技術職、総合職に分けられる。総合職は入社後の研修によって適性や能力を見極められ、配属先が決定する。すぐに自分の希望部署で仕事ができるとは限らない。

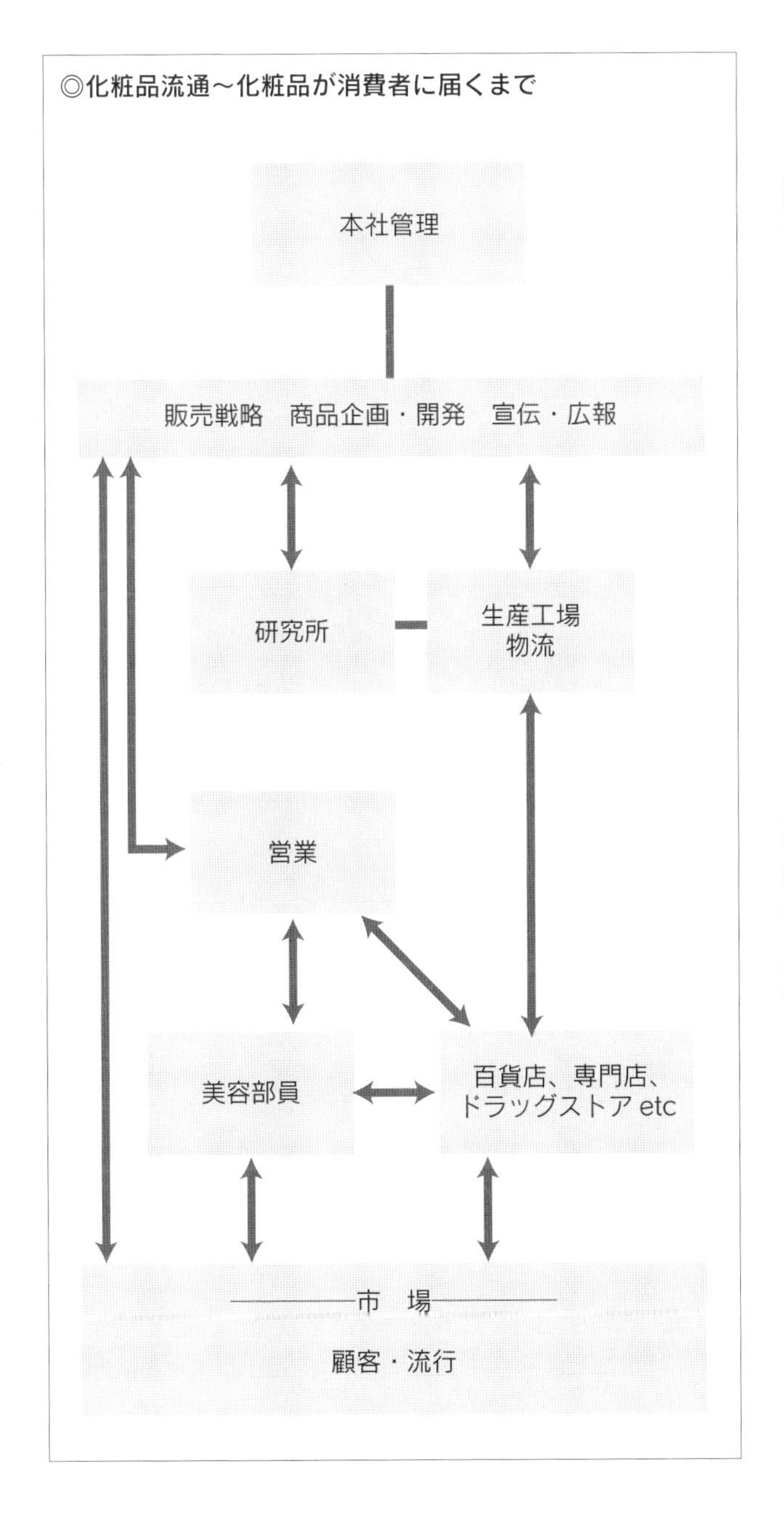

CHAPTER 4

商品開発・企画

化粧品を生み出す総合プロデューサー

新しいブランドや新商品を企画・立案するセクション。売れる化粧品作りは、社内のあらゆるセクションのスタッフと連動して有機的に動いていかなければならない。そのチームの中心にいることから、化粧品を生み出す総合プロデューサーといえるだろう。ブランドを多く抱える会社は、百貨店、専門店、ドラッグストア、コンビニなど、流通ごとに専任チームをつくったり、ターゲットやブランドに応じてチームが組織される。

仕事のスタートは新商品のコンセプトづくり。これが決まらないと何事も始まらないし、成功の鍵を握る作業だ。そのために化粧品市場の変化、消費者ニーズ、競合他社の動向などを調査・分析するマーケティングは重要になる。

それに基づいて商品企画スタッフだけでなく、研究、クリエイティブ、営業、販売推進などの多岐にわたるセクションと連携して、コンセプトを煮詰めていく。新ブランドの立ち上げになると、1～2年にわたることもあるという。

例えば「50代以上を対象に、潤いと若々しさを保つ年齢化粧品」がコンセプトに決まったとしよう。商品開発の担当者は、研究所のスタッフに化粧品の処方を依頼する。それを受けて、研究所はコンセプトに見合う成分を配合する。いくつかのサンプルが用意されることが多いが、コストや効果など総合的に判断するのは、商品開発の人間だ。

一方、研究所で基礎研究やテーマ研究を行っている部署から、その研究成果が商品開発担当者にフィードバックされることもある。それを元に、新しい商品が生み出されることもある。

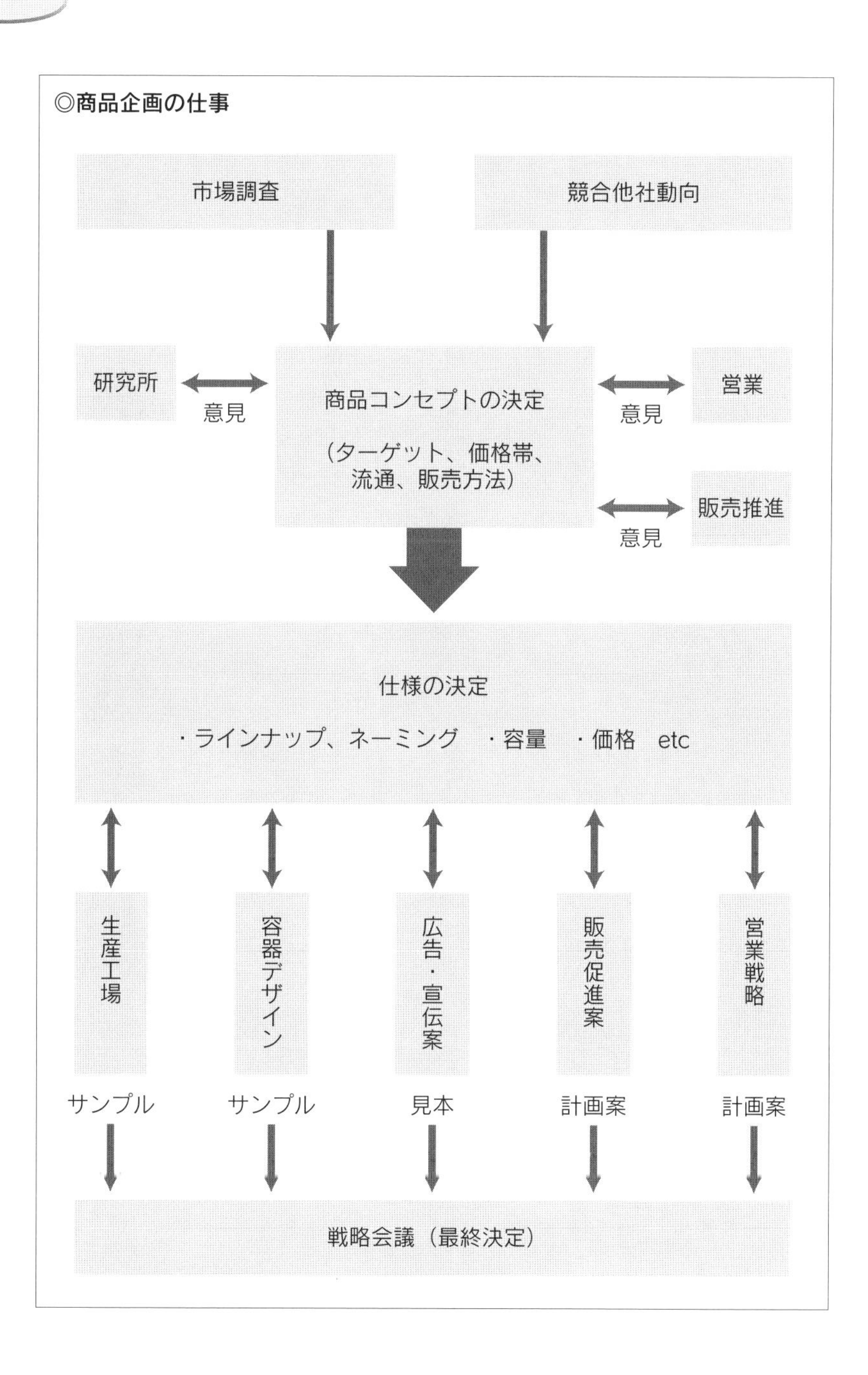
◎商品企画の仕事
市場調査
競合他社動向
研究所
意見
商品コンセプトの決定
（ターゲット、価格帯、流通、販売方法）
意見
営業
意見
販売推進
仕様の決定
・ラインナップ、ネーミング　・容量　・価格　etc
生産工場
容器デザイン
広告・宣伝案
販売促進案
営業戦略
サンプル
サンプル
見本
計画案
計画案
戦略会議（最終決定）

CHAPTER 4

マーケティング

販売の全体戦略を立案

マーケティング担当は、販売に関する業務全体の司令塔の役割を担う。

化粧品の市場動向や消費者ニーズを見極め、競合他社の売上げ状況を調査・分析。それを土台に、自社商品の販売計画を練る。経営部門と密接な関係を持ちながら、年度の商品別、流通別、地域別など分けて詳細な数字を計上していく。

経営会議等で販売数量が正式決定すると、生産部門に製造の依頼を行い、海外から輸入する場合は発注業務を行う。

商品別に販売戦略を練ることも重要な仕事だ。多数のブランドを有する大手メーカーでは、流通別、あるいはブランド別にチームを編成して計画立案するケースも見受けられる。

自社の商品特性を十分把握した上で、商品開発部、営業部、宣伝部などと連携を図り、詳細に検討していく。販売方針が決定し、具体的な作業が進行している間も、市場動向に目を光らせ、臨機応変に対応していかねばならない。

◎マーケティングと他部門との関係

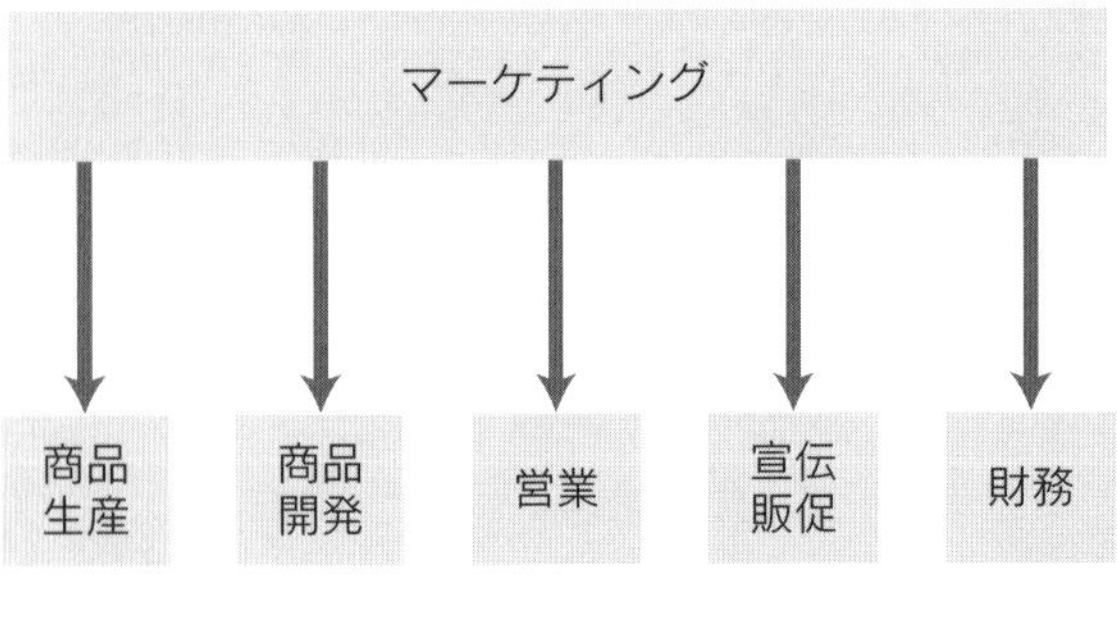

マーケティング

↓ 商品生産
↓ 商品開発
↓ 営業
↓ 宣伝販促
↓ 財務

CHAPTER 4

研究・開発

市場ニーズに応える製品化研究

化粧品の製品化研究をする部門だ。皮膚生理メカニズムや新成分の開発、界面化学などの基礎研究が盛んに行われている。

化粧品は直接肌に塗布するため、安全性と品質管理が重要な要素となる。その上で、機能性や使い心地や香りなども重視されている。

製品化研究は原則的に、商品開発部門から依頼された企画内容に沿って進められていくが、時に研究所から、研究成果を踏まえて商品アイデアを逆提案することもある。

化粧品会社の研究テーマは近年、総じて「抗老化」「育毛」「美白」が主流である。これも各社とも市場や競合他社の動向や、消費者ニーズを調査・分析し、各セクションが集まって審議されている。

◎研究・開発の仕事

基礎部分	・素材の研究 ・皮膚の機能研究 ・生物の研究 ・毛髪構造・生理の研究 ・安全性
商品化研究	・ブランドの開発 ・商品改良

生産技術・製造技術

商品生産の要を握る

製造技術は、研究開発部署と協力しながら、コスト削減や生産効率を考えた生産システムで作る。近年では環境問題にも十分配慮し、温室効果ガスの排出を抑えたり、廃棄物の少ない製造工程を確立することは企業の社会的責任ともいえる。

研究開発された処方がそのまま製品になるわけではない。商品として生産するための製造技術が必要になる。開発段階で研究室で作り出された分量＝ラボスケールを、商品の生産レベルで作り出すための諸々の技術、生産設備・システムなどを設計し、実際に作り出すのが生産技術・製造技術の役割だ。

ほかに、商品にするための重要なアイテムである包装・加工技術なども任される。

生産工程を設計するときに配慮するのはまず、一定の品質が保たれなければならないこと。化粧品は人体に影響するものであるから、大量に生産しても安全であり、かつ一定の品質が保証されなければならない。そこで技術職の中には物性測定をし、分析するスタッフもいる。不都合が生じた場合はその原因を指摘し、問題解決にあたる。

◎生産ラインの仕事

○生産設備の立ち上げ・立ち下げ

○設備の改善

○品質管理

○生産品目の切り替え

CHAPTER 4

資材購買・物流ロジスティックス

資料と物流の管理を担う

化粧品が商品として誕生するまで数多くの工程がある。必要な化粧品の原料や容器資材などを購入、その在庫管理や商品の出荷を担うのが、資材購買あるいはロジスティックス担当だ。

化粧品は商品数が非常に多いので、原材料一つとっても種類が多い。チェックされた販売現場の売り上げ動向や、売り上げ予想の情報をもとに、効率よい生産体制を構築する。原材料、資材の購入、製造工程、出荷も各々のロスのないタイミングが求められる。ミスがコストアップにつながるからだ。

現在では、コンピュータでデータ管理が行われ、ITを活用することで、無駄のないシステム作りが進んでいる。

また、生産現場では環境への配慮が重要だ。「ISO」認証を取得する企業が増えているが、その役割を担う部署でもある。

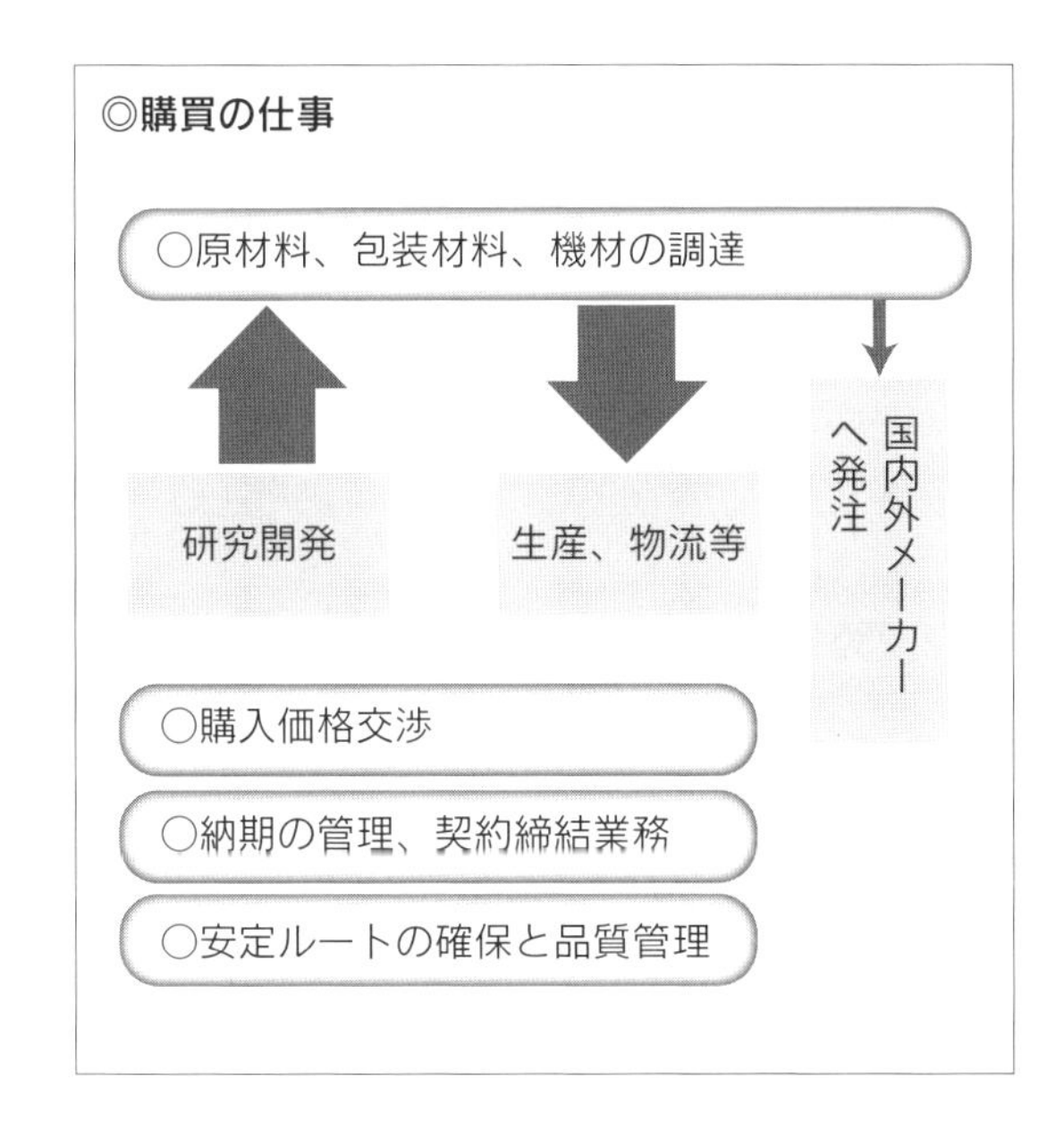

CHAPTER 4

デザイナー　ブランドエッセンスを表現

化粧品は、その中身はもとより容器やパッケージがそのブランドを形づくっている。パッケージはいわばブランドの顔なだけに、どの会社も力を入れている。

パッケージデザイナーは、商品開発のスタッフが中止となる商品のコンセプトづくりから参加して、デザインをイメージしていく。商品の特徴や個性、顧客ターゲットを意識したデザインをつくるのが使命だ。

デザインはデザイナー個人に任される場合と、部内の複数のデザイナーによるコンペ形式で採用の可否を決める場合とがある。時には社外のデザイナーが起用されることもある。競争は激しい。自分のセンスと柔軟な発想が求められる。

◎パッケージデザインのポイント

○見せる要素
・ネーミング
・ロゴ
・色・形
・ベネフィットコピー

○パッケージの要素
・使い勝手
・保持する力
・破棄

○商品の要素
・形態
・性能
・香り
・使用感

CHAPTER 4

コピーライター
消費者の心をつかむ名文句を生み出す

消費者の心を動かし、振り向いてくれるキャッチフレーズ、自分も使ってみたいと思わせる文章を編み出していく。これがコピーライターの任務である。

会社内では宣伝部あるいはクリエイティブ部門に在籍している。時に社外のフリーライターに依頼するケースもある。

仕事は、商品パッケージ、雑誌、WEB、チラシ類のコピーやコンテンツ制作。時にCM企画に携わることもある。商品企画のスタッフなどと制作コンセプトについてディスカッションを重ね、その商品価値を伝えていく言葉をつくっていく。何度も何度も推敲を重ねる地道な作業が続く。

そのためには時に化粧品売り場に出かけ、消費者の目線を大事にしていくことが必要だろう。

◎化粧品のコピー例

○この世のハルがきた（資生堂）

○事実、美しい（カネボウ化粧品）

○おとな。But カワイイ。（コーセー）

CHAPTER 4

広告・宣伝

ブランドイメージを的確に表現

化粧品の広告は時に、ブームをつくるほど消費者に対する影響力は強い。過去、時代を創ったといわれるCMや制作物もあるほどだ。

宣伝部は、企業戦略に基づいた新商品のコンセプト、商品特性を、ターゲットとする消費者に的確に伝えていく仕事であり、世にインパクトを与える広告を常に意識している。

その手段は一般的に、テレビや雑誌、ポスター、チラシなどの媒体を通して、商品の訴求力を高めなければならない。より効果のある媒体の選別や宣伝時期などを計画・立案する。

実際の広告制作は、化粧品会社によって自社内制作する場合と、社外の広告代理店を活用する場合とがある。どの媒体であれ、クリエイティブコンセプトが十分反映されたものでなければならない。そのため担当スタッフや代理店との打ち合わせは、入念に行われる。イメージを形にしていく作業は、意外と難しいのだ。

広告を制作するデザイナーやカメラマン、コピーライター、CMプランナーに対して気持ち良く仕事をしてもらうのも大切だが、常にクリエイティブコンセプトを念頭に入れて、出来上がってきた制作物をチェックしていくことが重要だ。ピントのはずれた制作物になったら、致命的である。

さらに広告の効果がどのようなものであったのかもきちんとデータ化する必要がある。費用対効果を数字に残していくことが、次の宣伝に生かしていくことにつながるからだ。日頃から競合他社の動向をリサーチすることは言うに及ばず、販売の最前線にいる営業や美容部員の声に耳を傾けることも大事。

CHAPTER 4

広報
企業の窓口として情報を発信

自社の情報を発信するのが広報の仕事だ。目的は企業のイメージアップと、商品のPR。商品に関することや、企業コンセプトや投資家への企業状況の公開、社会貢献活動報告など、外に開かれた会社の窓口となる。

情報発信の対象は主にマスコミ向けだ。新製品情報を消費者に届けるために、新聞や雑誌、テレビ番組などの媒体に取り上げてもらう活動を行う。例えば新製品発表会やプレスリリースの配布は定番である。また、商品の貸し出しやサンプル提供、商品写真の手配などマスコミの要求に可能な限り協力する。

化粧品会社の中には、商品情報の提供を外部に委託しているケースもある。専門チームに任せることで、効果的なプロモーションを狙う。特に外資系ブランドは熱心だ。

広報は、ホームページの運営・管理を担っているセクションでもある。商品情報だけでなく、社会貢献、文化活動、CSR報告などの企業情報を掲載し、消費者に直接訴える。

ひとたび会社がスキャンダルに巻き込まれたり、不祥事が発覚するなどのトラブルが起きた時は、マスコミの窓口として記者会見を設定する。そこでの冷静な対応と処理が求められる。

また化粧品会社によっては、顧客の問い合わせや苦情に対応する「お客様相談」を兼務している場合もある。

社内的には、社内報を作成して情報の共有を図るなど、企業文化を醸成する仕事も担当している。

CHAPTER 4

営業 豊富な商品知識とコミュニケーション能力

営業のメインの仕事は、自社製品を効率よく販売することだ。その組織は各社によって異なる。

全国をエリア別に分けている会社は、支店を拠点に活動することが多い。従来はこのケースが一般的だった。売り上げの中心だった化粧品を扱う店や自社ブランドを専門に扱う代行店を、営業スタッフが回る。商品の納入から販売価格の交渉、クレーム処理、在庫管理など取引に関する一般業務から、販売促進の方法や商品陳列のアドバイスなどきめ細やかなサポートをする。

新商品を出せば、その説明に出向く。取引先の対応次第で、売り上げが左右される場合もあるので、顧客満足度が高くなければならず、コミュニケーション能力は必須だ。また新しい販路の拡大も大きな役割の一つに数えられている。


近年は販路の拡大がめざましい。化粧品専門店や百貨店だけでなく、量販店、コンビニエンスストア、ドラッグストアなどでの売り上げが伸びていることから、流通別に営業部を置く会社もある。

現場で知り得た情報は、正確かつ迅速に各担当セクションにフィードバックするという作業も欠かせない。

営業スタッフにとって、美容部員の教育・管理も重要な仕事だ。担当する美容部員の名前と顔を覚えることは前提だ。一人ひとりの得意・不得意まで把握した上で、新商品の販売施策を十分浸透させ、モチベーションを高くもってもらうことが、営業スタッフの腕の見せ所となる。

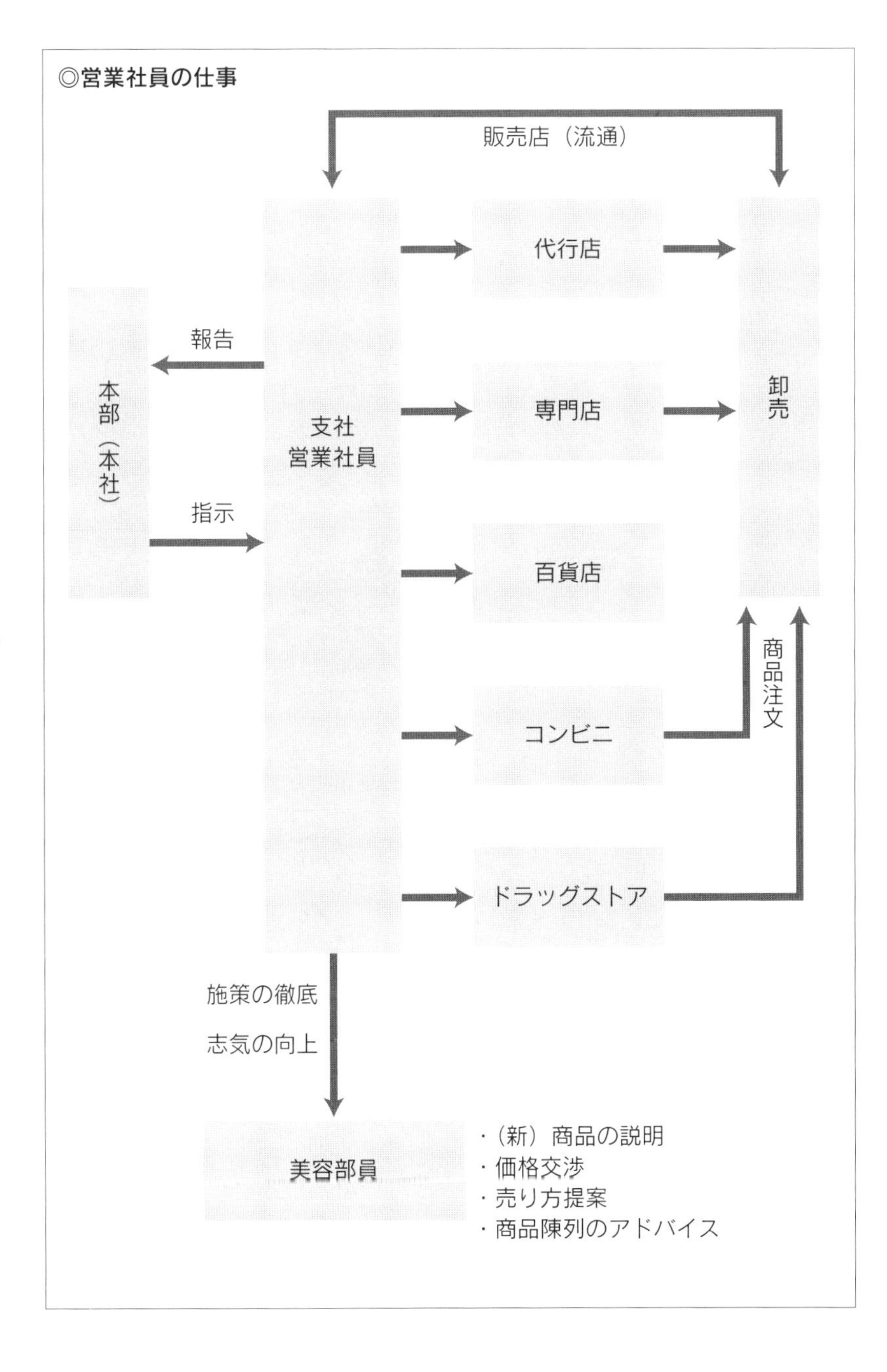
◎営業社員の仕事
販売店（流通）
代行店
報告
本部（本社）
支社
営業社員
専門店
卸売
指示
百貨店
商品注文
コンビニ
ドラッグストア
施策の徹底
志気の向上
美容部員
・（新）商品の説明
・価格交渉
・売り方提案
・商品陳列のアドバイス

CHAPTER 4

教育担当

美容部員や販売店の教育を担当

販売チャンネルの多様化が図られてきた化粧品業界だが、顧客との対面販売が基本である。最前線で働く美容部員への教育は欠かせない。

教育担当者の仕事は美容部員の教育と販売店の教育だ。美容部員への教育はまず、プログラムをたてることから始まる。販売戦略会議で方針化された新商品のコンセプト、特徴や使用方法をもとに、美容部員に対して具体的に売り方の詳細を練っていく。美当然、自ら新商品を使用して、その感触を確認しておく。

教育方法がワンパターンになってしまわないように、他の部署の者と話し合うこともよくある。「企画開発者や研究開発者の開発エピソードを盛り込んだり、研修に変化を付ける工夫をしている」という教育担当者もいる。

そして、現場レベルの研修用テキストを作成。各販売店等で実施される研修の運営も担当する。新商品の説明は言葉だけでなく、見本を使ってより具体的に実感してもらう。

新人の美容部員には導入教育を担当する。化粧品の基礎知識だけでなく、社会人としての礼儀やマナーもきっちり教えていく。現役の美容部員に対してはステップアップなど随時開催する。教育担当者はそのための運営準備と当時に、普段に商品の勉強は欠かせない。

また、店頭に出向き、接客がうまくいっているか視察、現場の声を拾ってくることや、他社の接客方法を知ることも重要になってくる。

美容部員を持たない会社は、販売店教育をすることになる。

◎美容部員の研修内容例

○メイクアップ理論
- ・顔の立体及び分析
- ・目の立体とプロポーション
- ・唇の基礎知識
- ・メイクアップの役割

○メイクアップ技術
- ・アイブローテクニック
- ・アイシャドウテクニック
- ・チークテクニック
- ・リップテクニック
- ・顔の修正の仕方
- ・タッチアップ技術

○販売技術
- ・自分で出来るメイク法アドバイス
- ・足し算メイクと引き算メイクの違い
- ・ベースメイクの重要性

○接客
- ・メイク理論に基づくセールストーク
- 顧客の悩みを引き出しアドバイス

CHAPTER 4

美容部員

化粧品販売のプロ

百貨店や専門店などの化粧品売り場で、接客をしながら化粧品を販売するのが美容部員だ。

顧客と対面しながら販売するブランドは、高品質・高価格な化粧品が揃っている。美容部員は顧客に納得して購入してもらうための商品知識を持ち合わせているほか、カウンセリング技術を持ち合わせていなければならない。

美容部員の名前は会社によって「ビューティーカウンセラー」「ビューティーアドバイザー」など呼び方が異なる。その所属は営業部になるが、大手の場合は地域の販売会社や、販売専門の子会社に配属されるケースが多い。

会社の流通戦略に沿って、美容部員は店舗に派遣される。自社には月数回ほど出社するだけで、通常は直接店舗に入店する。主な派遣先は次の通り。

◇百貨店

化粧品フロアは国内外の有名ブランドがひしめく激戦区。美容部員は高い水準の接客技術が要求されることはもちろん、商品の発注や陳列、イベント開催など店舗の運営を任される。

◇専門店

地域密着型の店舗は、常連客が多い。親しみある接客で信頼感を得ることが求められる。

◇ドラッグストア・スーパーマーケット

セルフセレクション用のブランドが中心だが、大型店舗では化粧品カウンターを設けて、美容部員を配置している。幅広い顧客対応が必要だ。

美容部員にも販売目標が設定される。担当の営業社員と目標を達成するために、様々なイベントや推奨商品の設定を行う。

✲定期的な研修でスキルを磨く

美容部員は化粧が好きな人が多い。しかし、プロとなれば、スキルアップは欠かせない。スキンケア、メイクアップ、カウンセリング方法など基礎知識を身につけた上で、自社が扱うブランドの特徴や知識を習得して初めて、店舗に立つ。

また、メーカーが力を入れる新商品の発売が決まると、商品の特徴や使用方法などの研修を受けることになる。さらに、季節ごとに開催するブランドキャンペーンにあわせて特別研修を受ける。売り出す商品知識だけでなく、その季節の肌の状態など顧客にアピールできる情報を学ぶなどセールスポイントを確認していく。

美容部員にとって大切なことは、他の美容部員とのコミュニケーションだ。販売は個人ではなく、チームでの販売実績が評価されるからだ。売上げを伸ばすために、何をすべきか。その方向性や具体的方法などを話し合い、意志一致して取り組むことが重要になってくる。

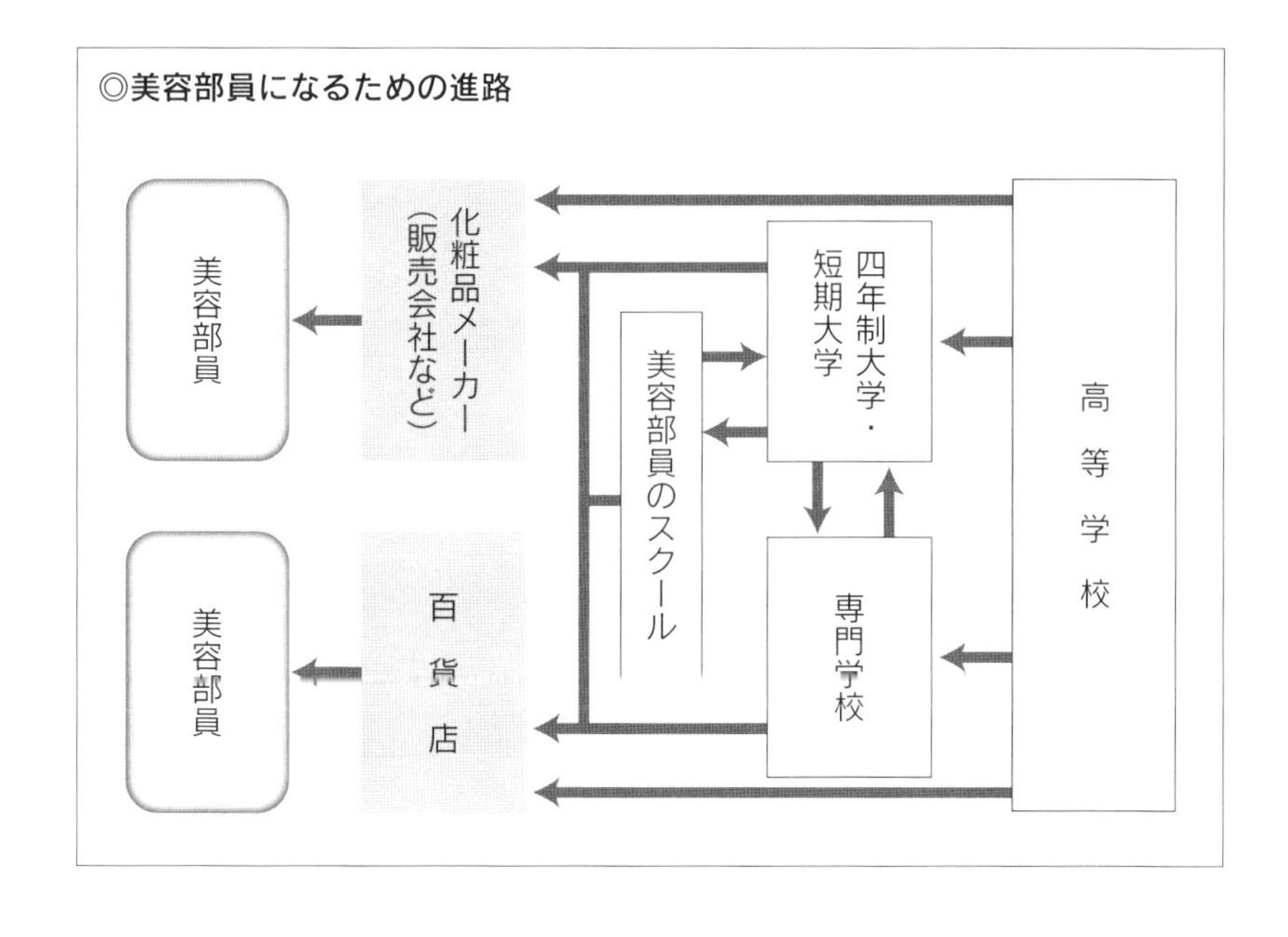

システム開発・法務

情報システムを整備

企業経営にかかわる情報システムの整備は今や欠かせない。システムは、経理、人事、物流、生産管理、さらに代行店向けの商品注文や売り上げ管理など多岐に及ぶ。

その情報システム開発や運用・管理、メンテナンス業務を行うセクションがある。デスクでパソコンとにらめっこしているだけでなく、社内研修で講師役になったり、代行店に出向いてシステムの説明をする。

仕事はシステム開発にとどまらない。顧客データやマーケティング情報を集約・分析する仕事もある。さらに売り場で近年、よく見られる肌診断やカウンセリングに使用される美容ソフトなどの開発も手がけている。

一方、「企業の知的財産を守る」仕事をする法務は、法律のプロだ。経営に係わる法的手続きや化粧品の成分に関する特許申請を行ったりする。

また、他業界のそれとは異なる役割がある。薬事法を守る観点から、商品の特徴を表現するコピーに問題はないかチェックするのも重要な仕事だ。

◎情報システムの主な仕事

- ○管理システムのプログラム開発・改良
- ○人事、経理システムのプログラム開発
- ○ネットワーク管理
- ○代行店等でのシステム説明

CHAPTER 4

総務・人事・経理
会社の管理部門

✽総務

どんな企業にもある部署。社内各部署の仕事がスムーズに進むように広い視野で業務を行うことが求められる。

備品・設備管理、ファイリング、保健・保険関係の手続き、福利厚生、各業務における問題点を素早く見つけ改善策を提案するなど、求められる業務は細かく多様である。

社内情報に精通し、細かい気配りや臨機応変な対応ができること、コミュニケーション力など全方位的な能力が必要。

✽人事

採用人事、社内人事のほか、社員の教育や研修による人材育成を図ることも大切な業務の一つ。この仕事には「人を見る目」が最も重要だ。適材適所を効果的に配置するためには社内の情報通になることも欠かせない。

人事考課など「個人情報」が集まる部署だけに秘密厳守であり、そのために冷静で、沈着、正確な業務姿勢が求められる。

✽経理

給与計算、入出金管理、年次・月次決算、伝票表記など、お金に関する業務を担当する。数字に強く、事務処理能力が高いことが必須。表計算ソフト、会計ソフトを使用する企業も多く、ＰＣの知識もある程度求められる。

CHAPTER 5

化粧品業界の職場環境動向

CHAPTER 5

給与

90年代半ば、バブルが弾けて以降、日本的な「終身雇用」「年功序列型賃金」体制は崩れ、代わって個人の仕事の成果に応じて賃金が変わる「成果主義型賃金」の導入が進んだ。社会経済生産本部の調査によると現在、成果主義制度を導入している企業は約8割に達していることがわかった。

その評価が適正に行われているかについては、半数以上が「困難」と回答。制度として定着してきているものの、明確な評価基準が未整備という課題が浮き彫りになってきた。

実際部下の評価をする部課長クラスの管理職も、数字に表れない社員の仕事や努力をどう考慮するか難しいと嘆く者が多い。欠点のある成果主義をどう修正するか、各社ではさまざまな施策が講じられている。

一方、近年注目されているのが「職種別賃金」制である。事務・営業・製造・研究開発など仕事の内容に応じて、賃金水準や個別の評価基準を設けて、賃金格差をつける。企業が強化を目指す部門で、人材確保を目的にしている。医薬など人材の引き抜きが激しい業界では、導入を検討している企業が増加傾向にあるようだ。

化粧品業界も例外ではない。幹部職員を対象に絶対評価を採用している資生堂。職種別賃金導入の草分けといわれているのが花王など、成果主義、職種別賃金を導入している会社は多い。

4年生大学卒業の初任給は各社の差はほとんどない。その後の昇給システムが問題である。会社研究をする時に、志望する会社の給与体系がどうなっているのかチェックしてみよう。

CHAPTER 5

働き方改革関連法

働き過ぎを防止し、ワークライフバランスと多様で柔軟な働き方を実現するために、労働時間法制が見直された。

❇ 年休消化

「年次有給休暇があっても休めない」とこぼす人は、周囲に多い。実際、2000年以降の年休消化率は5割を下回り続けていた。労働者が年休申請し、許可を得る制度できなく、企業側に年休の消化させる義務を課した。19年4月から全企業に対し、年10日以上の年休が与えられている労働者に、企業が消化日を指定してでも最低5日は年休を消化させることを義務づける。

労働者が自主的に5日以上の年休をとれば、それ以上休ませる義務はない。もし最終的に年休消化が5日未満の労働者がいた場合は、1人あたり最大30万円の罰金が企業に科せられる。

なお、労使協定でお盆や年末年始などを休業日と定めておき、それらの日に労働者が計画的に年休を消化させる「計画年休制」を導入すれば、計画年休の日数は5日の消化義務に参入できる。

❇ 勤務間インターバル制度

19年4月から、企業の努力義務となるのが勤務間インターバル制度だ。労働者の健康や生活を守るための仕組みで、24時間につき連続11時間の休息を義務づける。

❇ 残業時間の罰則つき上限規制

労働基準法が定める労働時間は1日8時間、週40

時間。ただし、経営側と労働者が時間外労働に関する労使協定を結べば延長が認められる。その場合、厚生労働省告示は「月45時間、年360時間」までとされていたが、強制力はなかった。

今回、成立した法では原則として「月45時間、年360時間」と明記し、臨時に超える必要がある場合でも45時間を超えて働かせられるのは年に6カ月までとし、年間上限は720時間以内としている。ただし、これらは休日労働を含めない場合だ。含めた場合は「月100時間未満」とし、2~6カ月の平均なら「月80時間」となる。

上限を超えて働かせた企業は、6カ月以下の懲役か30万円以下の罰金が科せられる。大企業は19年4月から、中小企業は20年4月から適用される。

その中で、人手確保の厳しい建設業やドライバーなどは適用を五年間猶予する。加えて新技術・新商品などの研究開発は、適用から除外された。

✻ 高度プロフェッショナル制

高度プロフェッショナル制は残業時間や休日・深夜の割増賃金など労働時間に関する保護から完全に外すことになった専門職のこと。企業は労働時間の把握義務がなくなる。政府は時間ではなく成果で評価される働き方の自由度を高める狙いという。

対象となる人は次の通り。

年収…1075万円以上

職業…金融商品の開発・ディーリング、アナリスト、コンサルタント、研究開発など。これらは政府の想定で、今後省令で定めることになっている。

条件に合致する社員がいても、本人の同意と労使による委員会での決議がないと適用されない。また、本人が適用後に撤回できる仕組みもつくられる。

企業に義務づけられるのは「健康確保措置」だ。①年104日以上、かつ4週で4日以上の休日確保②在社時間などの「健康管理時間」を把握し、100時間を超えたら医師による面接指導を実施する。加えて「勤務時間インターバル制度」「健康管理時間の上限設定」「2週間連続の休日」「臨時の健康診断」の4つから一つを選んで実施することができる。導入は19年4月から。

✲同一労働同一賃金

今回の法改正で正社員とパート、契約社員、派遣社員といった非正社員の不合理な格差是正を企業に促した。企業に待遇差の内容やその理由を非正社員に説明する義務も課した。待遇差が違法かどうか定めた「ガイドライン」を制定、施行（大企業20年4月、中小企業21年4月）と同時に適用される。

✲定年延長での働き方

13年に高年齢者雇用安定法が施行となった。企業は25年度には希望する人を六五歳まで雇用する義務が生まれる。厚生労働省の調査では、再雇用か勤務延長制度を導入済みの企業は94％（16年）に達している。課題はそのシニアが生き生きと働ける制度設計だと言われている。

✲健康管理の徹底

労働時間の状況を客観的に把握するよう、働く人の健康管理を義務づける。これには管理職、裁量労働適用者も対象とする。

◎時間外労働の上限（残業）規制ポイント

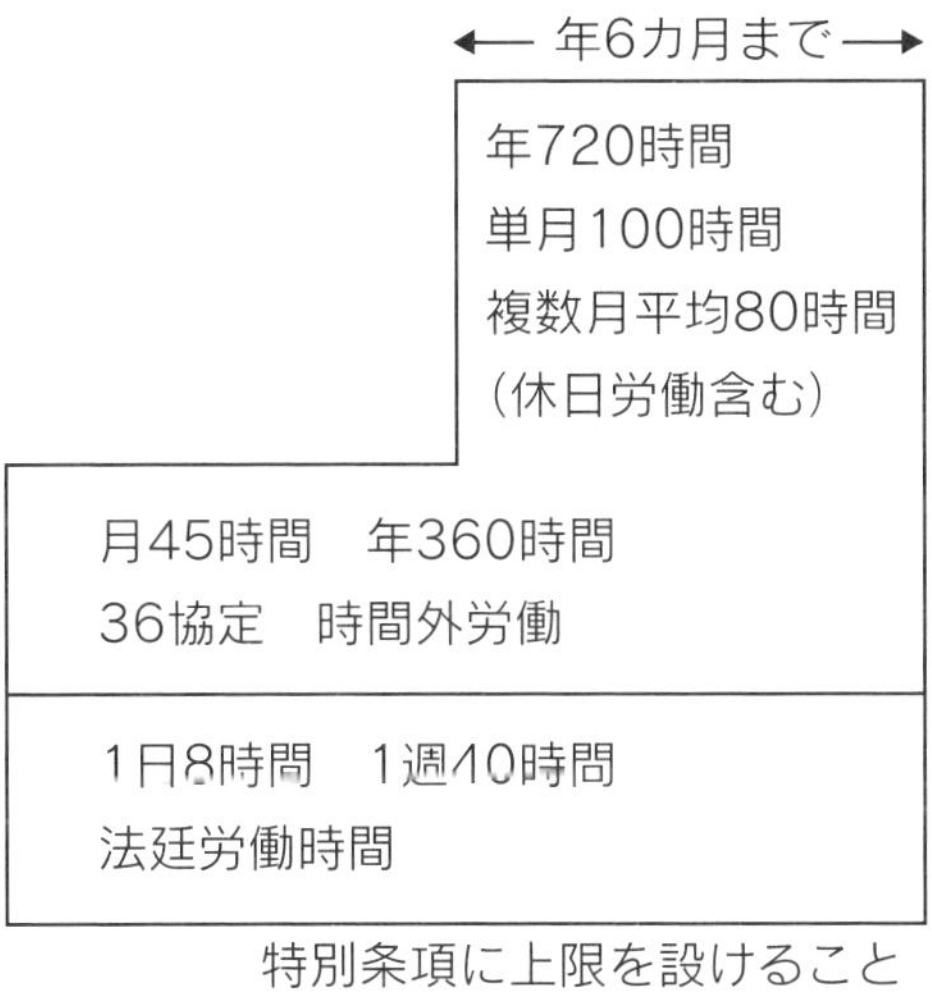

←年6カ月まで→

年720時間 単月100時間 複数月平均80時間 （休日労働含む）
月45時間　年360時間 36協定　時間外労働
1日8時間　1週40時間 法廷労働時間

特別条項に上限を設けること

確定拠出年金(DC)制度の概要

✻自己責任で運用

バブル崩壊後の資産運用悪化で、既存の企業年金の多くは予定利回りの達成ができず、年金を廃止する企業が相次いだ。そうした背景で01年、誕生したのが確定拠出年金である。この年金は「企業型」と個人が対象の「個人型」がある。

企業型は、確定拠出年金を導入している企業の従業員が対象で、18年2月現在、実施事業者数は3万0317社、加入者数は648万人で年々増加している。

掛金は規約に基づき企業が従業員のために拠出する(規約に定めがある場合、従業員が事業者掛金に上乗せして拠出することができる)。運用するのは会社ではなく、本人の責任で行う。年金の資産が減るようなことがあっても、だれも補填してくれない。自己責任の運用なので、企業の負担や責任は軽い。

✻加入が拡大する個人型「iDeCo」(イデコ)

確定拠出年金制度は17年に改正された。最大の改正点は個人型の加入資格の範囲が拡大されたことだ。従来は自営業者(国民年金保険第1号被保険者)と、企業年金(確定拠出・給付)が実施されていない会社の会社員に加入資格があったが、今回から専業主婦や、企業年金を導入している会社の会社員、公務員などにも門戸が開かれた。つまり、20歳以上60歳未満の国民年金保険加入者なら、ほとんどすべての人が利用できるようになった。18年2月現在の加入者数は約85万3000人である。

加入メリットは税制上の優遇だ。まず積立時に掛

◎確定拠出年金制度（個人型【IDeCo】）のイメージ図

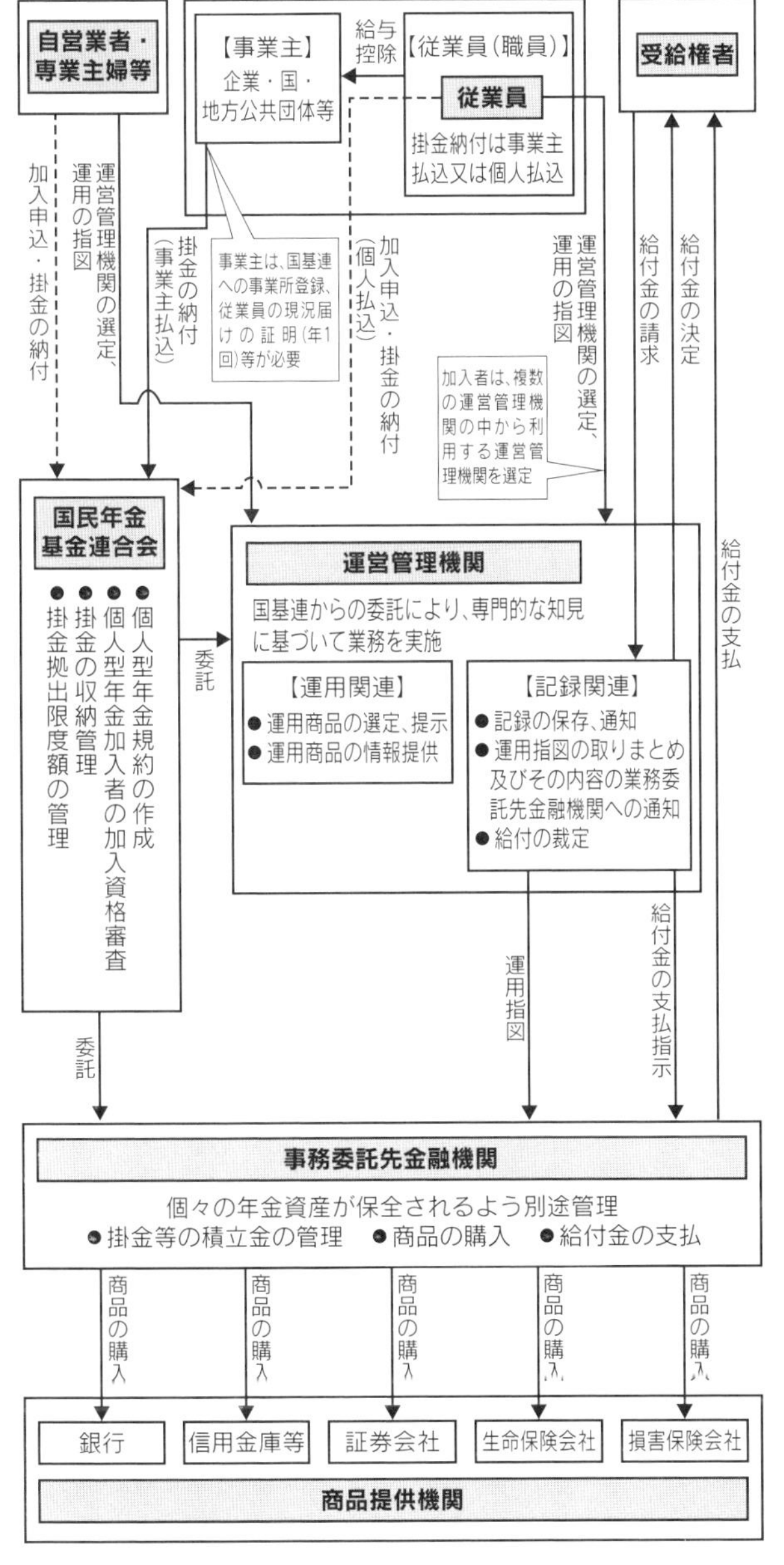

金の全額が課税所得から控除される。節税効果は所得や扶養家族の人数などで変わる。

ただ注意すべき点も少なくない。運用する商品や成果次第で投資した金額より受取額が減る元本割れのリスクがある。積み立ての上限や下限額は決められているが、金融商品や1000円単位で変えられる積立額は自分で選ぶ必要がある。

一定の手数料はかかるが、若い世代が特に注意すべき点は急にまとまった資金が必要になっても60歳まで引き出せないことだ。

CHAPTER 5

健康管理

✿ メタボ社員を見つけ出せ！

特定健診・特定保健指導が2008年4月にスタートした。企業が社員の健康管理をいままで以上に細かく徹底させて行う制度だ。つまり、重大な疾病を引き起こすと言われる「メタボリックシンドローム（以下メタボ）」の該当者や予備軍を早期に見つけて保健指導を行う。

メタボは内臓脂肪症候群ともいわれ、内臓脂肪が蓄積されると血圧、脂質、血糖などの数値が上昇し、高血圧、動脈硬化、糖尿病などさまざまな生活習慣病にかかると指摘されている。従来、それぞれが少しの異常数値であったら、「まあ、いいでしょう」と見逃されてきた。

ところが厚生労働省研究班は、肥満、高血圧、高血糖、高中性脂肪血症の4大危険因子のうち基準値を上回ったものを1と数えた場合、3個以上はなんと36倍になると研究結果を発表した。

特定健診・特定保健指導の対象は40歳以上74歳未満の被保険者及びその扶養者までと広い。企業は社員に定期健診を実施する義務を課せられているが、健診措置を厳しくなってくる。健診をさぼって受けないと、あとあと自分に跳ね返ってくる。

医療保険者（会社員は健康保険組合）が定めた目標の達成率に応じて、13年から75歳以上の人へ医療制度に対しての支援金が加算されたり、減算されたりする。健診を受けないと、支援金増額となり、会社と自分の保険料が高くなることもある。

✲特定保健指導で徹底生活改善

検査結果は異常によって階層化される。①要医療群、②積極支援群、③動機付支援群——と判定基準が分けられる。その通知は医療保険者を通じて本人に通知される。「要再検査」の場合でも、従来なら「無視」する人もいた。結果責任は本人にまかしていた会社が多かったと思われる。ところが、たとえば①に該当して「特定保健指導受診利用権」が送られてきたとしよう。指定期日に保健指導を受けないと本人に通知がいくと同時に、保険者にも連絡が行き、翌年の保健指導を受けさせる対象者の最上位にランクされてしまう。

経済産業省と厚生労働省は、企業による社員の健康管理情報の開示を進める新たな仕組み作りに乗り出している。社員の健康増進の効果を年次報告書やＣＳＲについての報告書に掲載し、一般投資家がいつでも見られるようにするなどだ。

予防医療面からも企業の社会的信頼がはかられることになるのだ。

✲メンタルヘルスケア

ストレス社会。職場でのストレスは人間関係、仕事量、会社の将来性などで強く感じているとの調査報告がなされている。業務上のことで精神障害を発症したり、時には自殺へと追い込まれるケースが増加している。いまや会社でメンタルヘルスの保持をはかることが重要なテーマとなっている。

15年に「労働安全衛生法を改正する法律」が施行になった。これにより、従業員50人以上のすべての企業は1年に1回「ストレスチェック」が義務づけられることになった。

それに応じて各社では、社内に専門医を産業医として配置したり、カウンセリングルームを開設して社員のケアを実施している。また、休業し、職場に復帰するときの支援にも力を入れている。

CHAPTER 5

手厚い育児・介護支援

✲ 育児休業等制度の個別周知

事業主は、労働者またはその配偶者が妊娠・出産した場合、家族を介護していることを知った場合に、当該労働者に対して、個別に育児休業・介護等に関しての定めを周知するように努めることが規定された。同規定は、プライバシー保護の観点から、労働者が自発的に知らせることを前提としている。

あわせてパパ・ママ育休プラス等の制度について周知することが望ましい。

✲ 育児目的休暇の新設

特に男性の育児参加を促進するため、就学前までの子どもがいる労働者が育児にも使える休暇を新設した。

労働環境の整備を法的に支える改正育児・介護休業法が17年1月施行に続き、同年10月1日にも施行された。

✲ 育児休業期間の延長

1歳6カ月になっても、保育所に入れないなどの場合に再度申し出すると、育児休業時間を「最長2歳まで」延長できる。これに合わせ、育児休業給付の支給期間を延長する。

職場復帰に関して、事業主が育児休業からの早期の職場復帰を促す場合は「育児休業等に関するハラスメントに該当しない」と育児・介護ガイドラインに明記されている。あくまでも職場復帰のタイミングは労働者の選択にゆだねられている。

事業主に対し、小学校就学の始期に達するまでの子を養育する労働者が、育児に関する目的で利用できる休暇制度の措置を設けることに努めることを義務づける。例えばいわゆる配偶者出産休暇、入園式などの行事参加を含めた育児にも使える多目的休暇など（失効年次有給休暇の積立制度を、育児目的として使用できる休暇制度として措置することも含む）。

✲ 仕事と介護の両立

- 対象家族一人につき、3回を上限として通算93日まで、介護休業を分割取得できる。
- 介護休暇は半日単位の取得が可能。
- 介護のための所定労働時間短縮等を介護休暇とは別に、利用開始から3年の間で2回以上の利用が可能とする。
- 所定外労働時間の免除を介護終了までの期間について、請求できる権利を持つ。
- 有期契約労働者の介護休業取得要件の緩和

✲ 育児期の両立支援制度等の整備

- 子どもの看護休暇の半日単位の取得が可能。
- 有期契約労働者の育児休業の取得条件緩和

①当該事業主に引き続き雇用された期間が過去1年以上あること。

②子どもが1歳6カ月に達する日までの間に、労働契約が満了し、かつ契約更新がないことが明らかでない者とし、取得要件を緩和するなど。

◎育児休業を取得しなかった理由

「職場が育児休業制度を取得しづらい雰囲気だったから」と回答した者の割合

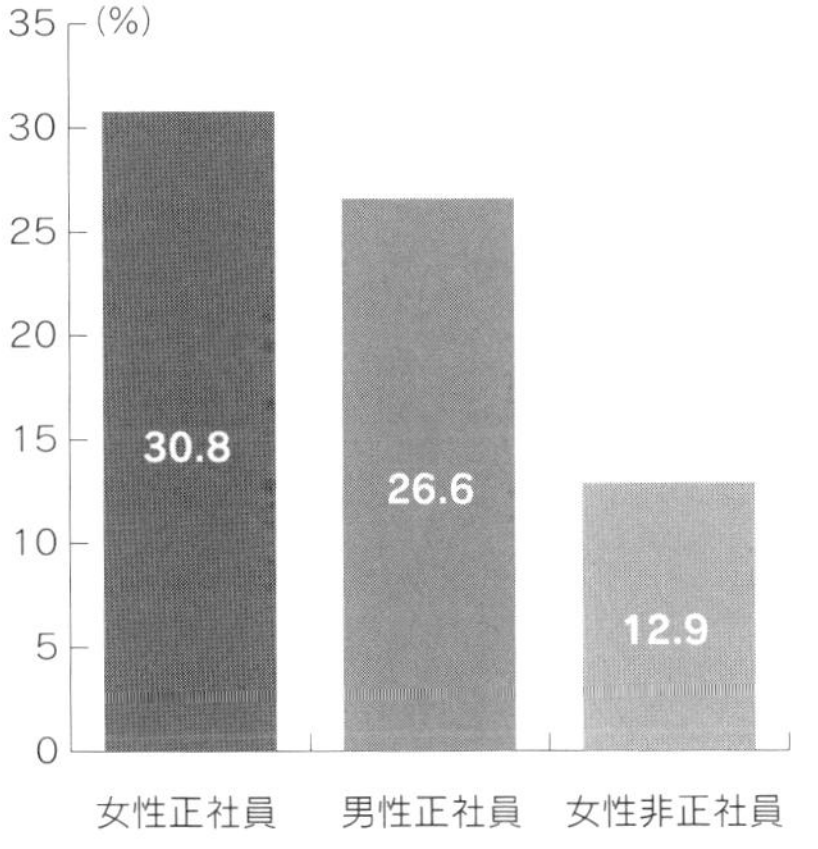

出典：2015年度「仕事と家庭の両立に関する実態把握のための調査」三菱UFJリサーチ&コンサルティング

化粧品各メーカーのワークライフバランス

101人以上の従業員がいる企業は仕事と家庭の両立を支援するための行動計画を作成し、従業員に周知徹底させる義務がある（「次世代支援対策推進法」）。この行動計画を積極的に推進し、目標を達成している企業には、厚生労働省が認定マーク「くるみん」が与えられる。化粧品メーカーは、女性従業員の割合が高いこともあって、「くるみん」を取得している企業は多い。各社の主な育児支援制度を紹介する。

✲ 資生堂

●事業所内保育施設「カンガルーム汐留」開設・運営。定員枠の一部を近隣他企業にも開放
●男性社員の育児休業取得促進のために2週間の育児休業有料化
●ビューコンサルタント（BC）の育児時間取得のためのカンガルースタッフ制度の導入。同制度は顧客対応するBCが育児時間制度を利用する際に、BCに代わり夕刻以降の店頭活動をサポートする人員（カンガルースタッフ）を派遣する体制のこと。
●育児休業制度　子どもが満3歳になるまで、通年5年まで取得可。
●育児時間制度　子どもが小学校3年生まで、1日2時間まで勤務短縮可。
●介護休業制度　1人の家族につき1回につき1年以内。通算3年以内。
●介護時間制度　1日2時間以内。1人の家族につき、1回につき1年以内、通算3年以内。

✲カネボウ化粧品

- 育児休業制度　子どもが満1歳6カ月、または子どもが満1歳を超えた学校年度末のいずれか長い期間を限度として延長することを可能とする。
- 始業、終業時間の繰り上げ、繰り下げ　小学校就学直後の4月末日に達するまでの子どもを養育する従業員は、始業と終業時間を2時間以内繰り上げ、または区の下げて勤務できる。
- 育児時間制度　生後満1歳未満の子どもを養育する女性従業員は、1回につき30分、1日2回労働時間を免除することができる。
- 在宅勤務制度　一定の条件を満たしている育児・介護責任を有する従業員を対象に、1日あたりの所定労働時間の60%とする在宅勤務を利用することを可能とする。
- ビューティーカウンセラーの再雇用制度　一定のキャリアを持つビューティカウンセラーが出産・育児を理由に退職した場合、退職後9年までの間、正社員として再雇用する。
- 育児短時間勤務制度　小学校就学直後の4月末日に達するまでの子どもを養育する従業員は、本人の希望により1日の所定労働時間を①5時間30分②6時間③6時間30分④7時間より選択できる。
- パパ、ママ育休プラス　両親とも育児休業を取得した場合、特別の理由がなくとも1歳2カ月まで育児休業の取得を可能とする。

✲日本ロレアル

（オフィススタッフ向け）

- ワーキングマザー手当　在職中に出産した女性社員に合計120万円を育児休業開始から復帰後1年後までに4回に分けて支給
- 在宅勤務　未就学児を養育する社員に対し、半日、1日単位で在宅勤務を行うことができる。年間最大12日取得可能。
- 育児短時間勤務　3歳未満の子どもを養育する社員は、1日の所定労働時間を最大2時間まで短縮できる。

CHAPTER 5

女性管理職

✼女性登用に積極的な化粧品業界

政府は女性の積極的登用を成長戦略の重点として、日本の女性管理職の割合を20年までに30%にするという目標を掲げている。労働力不足を補うという狙いもある。

中央官庁の課長・室長級以上に占める女性の割合は、18年7月現在で4・9%。また、国の地方機関の課長や中央省庁の課長補佐級以上の女性の割合は10・8%で、こちらも目標の14%に届いていない。

その点、化粧品業界の女性の進出はめざましい。厚生労働省の「女性の活躍推進企業データベース」に登録されている化粧品会社の中で、女性管理職の占める割合が多いのは次の会社だ。

- シーボンは従業員1065人のうち、女性が983人と92%を占める。女性管理職に占める割合は85・7%と圧倒的に多い。
- 資生堂の女性管理職は27・4%。役員(取締役・会計参与・監査役)は12人のうち4人が女性だ。
- ファンケルの女性管理職の割合は34・5%、女性役員は26人中5人だ。
- ポーラの女性管理職は27・9%、役員に占める割合は33・3%。
- 日本ロレアルは、指導的地位の女性の割合が06から17年までに2・5倍の58%となっている。また、経営幹部委員会における女性役員の割合は58%と高い。
- ノエビアは従業員総数573人のうち女性が378人。役職者129人のうち、51人(39・5%)が女性だ。

CHAPTER 6

化粧品業界 企業データ

注：企業データについては、各社の公開情報（2019年2月現在）をもとに作成しています。採用情報等の詳細については、各社ホームページなどを参照してください。

✲ 株式会社アイビー化粧品

○本社所在地：〒107-8463 東京都港区赤坂6-18-3 アイビービル
☎（代表）03-3568-5151
○代 表 者：白銀 浩二
○設　　立：1975年
○従業員数：179名
○資 本 金：8億420万円
○売 上 高：56億2,400万円
○事業内容：化粧品（スキンケア・メークアップ・ヘアケア・その他）、美容補助商品、化粧雑貨品等の製造及び販売
○ホームページ：http://www.ivy.co.jp/

✲ 株式会社アスカコーポレーション

○本社所在地：〒812-0018 福岡県福岡市博多区住吉1-2-25
キャナルシティビジネスセンタービル
☎（代表）092-263-1777
○代 表 者：南部 昭行
○設　　立：1999年
○従業員数：95名
○資 本 金：1,000万円
○事業内容：化粧品・健康食品等の製造、通信販売業務、販売業務
○ホームページ：http://www.aska-corp.jp/

✲ 株式会社アルビオン

○本社所在地：〒104-0061 東京都中央区銀座1-7-10
○代 表 者：小林 章一
○設　　立：1956年
○従業員数：3,320名
○資 本 金：7億6,098万円
○売 上 高：682億6,000万円
○事業内容：高級化粧品の製造・販売、スキンケア・メイクアップ・フレグランス・ヘアケアなど化粧品全般の開発、製造および全国の一流百貨店・有力化粧品専門店を通じての販売
○ホームページ：http://www.albion.co.jp/

✲ 株式会社伊勢半

○本社所在地：〒102-8370 東京都千代田区四番町6-11
☎(代表)03-3262-3111
○代 表 者：澤田 晴子
○設　　立：1945年(創業1825年)
○従業員数：350名
○資 本 金：1億円
○事業内容：メイクアップ化粧品、基礎化粧品、医薬部外品など化粧品全般の製造・販売
○ホームページ：http://www.isehan.co.jp/

✲ 株式会社ウテナ

○本社所在地：〒157-8567 東京都世田谷区南烏山1-10-22
☎（代表）03-3303-4111
○代 表 者：青﨑 正紀
○設　　立：1927年
○従業員数：140名
○資 本 金：5,000万円
○事業内容：化粧品・医薬部外品製造販売、不動産賃貸業
○ホームページ：http://www.utena.co.jp/

✲ エイボン・プロダクツ株式会社

○本社所在地：〒163-1401 東京都新宿区西新宿3-20-2 東京オペラシティータワー
☎（代表）03-5353-9000
○代 表 者：中 陽次
○設　　立：1973年
○資 本 金：1億円
○事業内容：化粧品および関連商品、栄養補助食品、ファッション関連品の製造・販売
○ホームページ：http://www.avon.co.jp/

✿ 株式会社エキップ

○本社所在地：〒141-0032 東京都品川区大崎1-6-3 大崎ニューシティ3号館10F
☎（代表）03-5435-2171
○代 表 者：前澤 洋介
○設　　立：1996年
○従業員数：1,000名
○資 本 金：3億円
○売 上 高：120億円
○事業内容：化粧品製造・販売
○ホームページ：http://www.eqp.co.jp/

✿ オッペン化粧品株式会社

○本社所在地：〒564-8501 大阪府吹田市岸部南2-17-1
☎（代表）06-6382-9100
○代 表 者：瀧川 照章
○設　　立：1957年（創業1953年）
○資 本 金：1億円
○事業内容：化粧品・医薬部外品および健康食品の製造販売、エステティックアカデミー運営事業、化粧品・健康食品などの通信販売事業、宝石、貴金属等の展示販売、化粧用具、販促商品等の販売、美容術の営業
○ホームページ：http://www.oppen.co.jp/

✲ オルビス株式会社

○本社所在地：〒142-0051 東京都品川区平塚2-1-14
☎(代表) 03-3788-1711
○代 表 者：小林 琢磨
○設　　立：1984年
○従業員数：1,328名
○資 本 金：1億1,000万円
○売 上 高：530億円(連結)
○事業内容：化粧品、栄養補助食品、ボディウェアの企画・開発および通信販売・店舗販売
○ホームページ：http://www.orbis.co.jp/

✲ 花王株式会社

○本社所在地：〒103-8210 東京都中央区日本橋茅場町1-14-10
☎(代表) 03-3660-7111
○代 表 者：澤田 道隆
○設　　立：1940年(創業1887年)
○従業員数：7,655名(連結対象合計3万3,664名)
○資 本 金：854億円
○売 上 高：1兆5,080億円(連結)
○事業内容：化粧品、スキンケア、ヘアケア、ヒューマンヘルスケア、ファブリック&ホームケア、ケミカル事業
○ホームページ：http://www.kao.co.jp/

✲ 株式会社カネボウ化粧品

○本社所在地：〒103-8210 東京都中央区日本橋茅場町1-14-10
☎(代表) 03-6745-3111
○代 表 者：村上 由泰
○設　　立：2004年
○従業員数：2,762名
○資 本 金：75億円
○事業内容：化粧品全般の開発、製造、販売
○ホームページ：http://www.kanebo-cosmetics.co.jp/

✲ 牛乳石鹼共進社株式会社

○本社所在地：〒536-8686 大阪府大阪市城東区今福西2-4-7
☎(代表) 06-6939-1451
○代 表 者：宮崎 悌二
○設　　立：1931年(創業1909年)
○従業員数：350名
○資 本 金：5億円
○事業内容：化粧石鹼、化粧品の製造・販売
○ホームページ：http://www.cow-soap.co.jp/

✲ 株式会社コーセー

○本社所在地：〒103-8251 東京都中央区日本橋3-6-2
☎（代表）03-3273-1511
○代 表 者：小林 一俊
○設　　立：1946年
○従業員数：7,758名（嘱託・パートを除く）
○資 本 金：48億4,800万円
○売 上 高：3,033億9,900万円
○事業内容：化粧品の製造・販売
○ホームページ：http://www.kose.co.jp/

✲ 株式会社再春館製薬所

○本社所在地：〒861－2201 熊本県上益城郡益城町寺中1363-1
☎（代表）096-289-4444
○代 表 者：西川 正明
○設　　立：1932年
○従業員数：1,103名
○資 本 金：1億円
○事業内容：化粧品、医薬品、医薬部外品の製造・販売
○ホームページ：http://www.saishunkan.co.jp/

✼ サンスター株式会社

○本社所在地：〒569-1195 大阪府高槻市朝日町3-1
☎(代表) 072-682-5541
○代 表 者：金田 善博
○設　　立：1950年
○従業員数：1,023名
○資 本 金：100億円
○売 上 高：619億円
○事業内容：歯磨、歯ブラシ、デンタルリンス、ヘアケア・スキンケア製品、食品、石けん・洗剤、化学品等の製造・販売
○ホームページ：http://jp.sunstar.com/

✼ 株式会社シーボン

○本社所在地：〒216-8556 神奈川県川崎市宮前区菅生1-20-8
☎(代表) 044-979-1234
○代 表 者：金子 靖代
○設　　立：1966年
○従業員数：1,065名(パート社員は含まず)
○資 本 金：4億8,074万6,000円
○売 上 高：125億6,400万円
○事業内容：化粧品および医薬部外品並びに美容器具等の製造・販売、および輸入事業
○ホームページ：http://www.cbon.co.jp/

✲ 株式会社資生堂

○本社所在地：〒104-0061 東京都中央区銀座7-5-5
☎（代表）03-3572-5111
○代 表 者：魚谷 雅彦
○設　　立：1927年（創業1872年）
○従業員数：約4万6,000名（連結）
○資 本 金：645億円
○売 上 高：1兆948億円
○事業内容：化粧品、業務用化粧品、石けん、シャンプー、リンス、医薬品などの製造・販売、輸出入
○ホームページ：http://www.shiseido.co.jp/

✲ 株式会社シャンソン化粧品

○本社所在地：〒422-8615 静岡県静岡市駿河区国吉田2-5-10
☎（代表）054-261-8181
○代 表 者：川村 卓史
○設　　立：1946年
○従業員数：250名
○資 本 金：1億2,700万円
○事業内容：化粧品、健康食品、宝飾品販売、OEM事業、その他
○ホームページ：http://www.chanson.co.jp/

ジュジュ化粧品株式会社

○本社所在地：〒567-0057 大阪府茨木市豊川1-30-3
☎(代表) 06-6222-1138
○代 表 者：作田 暢生
○設　　立：2013年(創業1946年)
○資 本 金：5,000万円
○事業内容：化粧品の製造、販売および輸出入、その他
○ホームページ：http://www.juju.co.jp/

ちふれホールディングス株式会社

○本社所在地：〒350-0833 埼玉県川越市芳野台2-8-59
☎(代表) 049-225-6101
○代 表 者：片岡 方和
○設　　立：2018年(創業1947年)
○資 本 金：4億5,000万円
○事業内容：化粧品の開発、製造、販売
○ホームページ：http://www.chifure.co.jp/

✲ 株式会社ディーエイチシー

○本社所在地：〒106-8571 東京都港区南麻布2-7-1
☎（代表）03-3457-5311
○代 表 者：吉田 嘉明
○設　　立：1975年（創業1972年）
○従業員数：3,030名
○資 本 金：33億7,729万円
○売 上 高：1,082億2,100万円
○事業内容：化粧品、健康食品などの製造・販売
○ホームページ：http://www.dhc.co.jp/

✲ 株式会社シーズ・ホールディングス

○本社所在地：〒150-0012 東京都渋谷区広尾1-1-39
☎（代表）03-6419-2500
○代 表 者：石原 智美
○設　　立：1999年
○従業員数：858名
○資 本 金：29億5,935万円
○売 上 高：429億1,600万円
○事業内容：化粧品、健康食品などの企画・開発・販売
○ホームページ：http://www.ci-labo.com/

✲ 株式会社ナリス化粧品

○本社所在地：〒553-0001 大阪府大阪市福島区海老江1-11-17
☎（代表）06-6458-5801
○代 表 者：村岡 弘義
○設 立：1949年（創業1932年）
○従業員数：665名
○資 本 金：16億円
○売 上 高：222億円
○事業内容：化粧品などの訪問販売事業、OEM事業、海外事業、店舗販売事業、通信販売事業
○ホームページ：http://www.naris.co.jp/

✲ 日本メナード化粧品株式会社

○本社所在地：〒460-8567 愛知県名古屋市中区丸の内3-18-15（メナードビル）
☎（代表）052-961-3181
○代 表 者：野々川 純一
○設 立：1959年
○従業員数：1,050名
○資 本 金：7,422万円
○売 上 高：513億8,000万円
○事業内容：化粧品および医薬部外品、健康食品、インナーウエア等の研究開発,製造販売、メナード美術館、青山リゾート事業（ゴルフ場、ホテル、温泉、自然文化村、アロマテラピー、温水プール、テニスコート他）、メナードビレック（エステティックサロン）、メナードビューティサロン（美容室）
○ホームページ：http://corp.menard.co.jp/

❋ 日本ロレアル株式会社

○本社所在地：〒163-1071 東京都新宿区西新宿3-7-1 新宿パークタワー16階
☎(代表) 03-6911-8100
○代 表 者：ジェローム・ブリュア
○設　　立：1996年
○従業員数：2,500名
○資 本 金：187億5,000万円
○事業内容：化粧品の輸入・製造・販売およびマーケティング
○ホームページ：http://www.nihon-loreal.jp

❋ 株式会社ノエビア

○本社所在地：〒650-8521 兵庫県神戸市中央区港島中町6-13-1
○代 表 者：海田 安夫
○設　　立：1964年
○従業員数：573名
○資 本 金：73億1,900万円
○売 上 高：305億4,400万円
○事業内容：化粧品、医薬部外品の製造・販売
○ホームページ：http://www.noevir.co.jp/

✲ 株式会社ハウス オブ ローゼ

○本社所在地：〒107-8625 東京都港区赤坂2-21-7
☎(代表) 03-5114-5800
○代 表 者：神野 晴年
○設　　立：1982年(創業1978年)
○従業員数：1,272名(正社員、契約社員、パート含む)
○資 本 金：9億3,468万2,000円
○売 上 高：139億7,800万円
○事業内容：自然志向のスキンケア化粧品、メイクアップ化粧品、ヘア・ボディケア、バスプロダクツ、雑貨品等の企画開発及び販売。リフレクソロジーサロンおよび女性専用フィットネスサロン「カーブス」の運営
○ホームページ：http://www.houseofrose.co.jp/

✲ ハリウッド株式会社

○本社所在地：〒106-0032 東京都港区六本木6-4-1 ハリウッドビューティプラザ
☎(代表) 03-3403-5211
○代 表 者：牛山 大輔
○設　　立：1951年(創業1925年)
○従業員数：290名
○資 本 金：3億2,500万円
○事業内容：化粧品の製造・販売、不動産賃貸
○ホームページ：http://hollywood-jp.com/

✲ プロクター・アンド・ギャンブル・ジャパン株式会社

○本社所在地：〒651-0088 兵庫県神戸市中央区小野柄通7-1-18
☎(代表) 078-336-6000
○代 表 者：スタニスラブ・ベセラ
○設　　立：2006年
○従業員数：4,600名
○資 本 金：232億円
○売 上 高：2,717億6,800万円
○事業内容：日本における洗濯洗浄関連製品・紙製品・医薬部外品・化粧品・小型家電製品などの販売、輸出入
○ホームページ：http://jp.pg.com/

✲ 株式会社スタイリングライフ・ホールディングスBCLカンパニー

○本社所在地：〒169-0074 東京都新宿区北新宿2-21-1 新宿フロントタワー27階
☎(直通) 03-6872-5165
○代 表 者：北村 博之
○設　　立：1996年
○従業員数：283名
○資 本 金：1億円（スタイリングライフ・ホールディングスとして）
○事業内容：基礎化粧品、メイクアップ、医薬部外品などの開発・製造・販売
○ホームページ：http://www.bcl-company.jp/ja

✲ 株式会社ファンケル

○本社所在地：〒231-8528 神奈川県横浜市中区山下町89-1
☎(代表)045-226-1200
○代表者：島田 和幸
○設立：1981年
○従業員数：973名(契約社員・パート・委託は除く)
○資本金：107億9,500万円
○売上高：1,090億1,900万円
○事業内容：化粧品・健康食品の研究開発、製造および販売
○ホームページ：http://www.fancl.co.jp/

✲ ホーユー株式会社

○本社所在地：〒461-8650 愛知県名古屋市東区徳川1-501
☎(代表)052-935-9556
○代表者：水野 真紀夫
○設立：1923年(創業1905年)
○従業員数：1,033名
○資本金：9,800万円
○売上高：494億円
○事業内容：ヘアカラー・頭髪化粧品・家庭薬の製造、販売
○ホームページ：http://www.hoyu.co.jp/

株式会社ポーラ

○本社所在地：〒141-8523 東京都品川区西五反田2-2-3
☎（番号案内）03-3494-7111
○代 表 者：横手 喜一
○設　　立：1946年（創業1929年）
○従業員数：1,621名
○資 本 金：1億1,000万円
○売 上 高：1,501億8,300万円
○事業内容：化粧品の訪問販売事業、百貨店事業、海外事業、業務用商材の企画・開発・販売
○ホームページ：http://www.pola.co.jp/

株式会社マンダム

○本社所在地：〒540-8530 大阪府大阪市中央区十二軒町5-12
☎（代表）06-6767-5001
○代 表 者：西村 元延
○設　　立：1927年
○従業員数：574名
○資 本 金：113億9481万7,459円
○売 上 高：511億4,700万円
○事業内容：化粧品・香水の製造および販売、医薬部外品の製造および販売
○ホームページ：http://www.mandom.co.jp/

✲ 株式会社ミルボン

○本社所在地：〒104-0031 東京都中央区京橋2-2-1 京橋エドグラン
☎(代表)03-3517-3915
○代 表 者：佐藤 龍二
○設　　立：1960年
○従業員数：674名
○資 本 金：20億円
○売 上 高：351億8,500万円(連結)
○事業内容：ヘアカラー剤、ヘアスタイリング剤、パーマ剤、シャンプー、ヘアトリートメント、薬用発毛促進剤、スキンケア・メイクアップ化粧品の製造および販売(国内・輸出)など
○ホームページ：http://www.milbon.co.jp/

✲ 株式会社桃谷順天館

○本社所在地：〒540-0005 大阪府大阪市中央区上町1-4-1
☎(代表)06-6768-0610
○代 表 者：桃谷 誠一郎
○設　　立：1885年
○従業員数：434名
○資 本 金：9,900万円
○売 上 高：147億円(グループ)
○事業内容：化粧品及び医薬部外品の製造・販売及び輸出入、健康食品の販売及び輸出入
○ホームページ：http://www.e-cosmetics.co.jp/

✲ 株式会社ヤクルト本社

○本社所在地：〒105-8660 東京都港区東新橋1-1-19
☎（代表）03-3574-8960
○代 表 者：根岸 孝成
○設　　立：1955年（創業1935年）
○従業員数：2,848名（出向者296名、嘱託124名を含む）
○資 本 金：311億1,765万円
○売 上 高：4,015億6,900万円（2008年3月期、連結）
○事業内容：飲料・食品・化粧品・医薬品の製造・販売
○ホームページ：http://www.yakult.co.jp/cosme/

✲ 株式会社柳屋本店

○本社所在地：〒103-0002 東京都中央区日本橋馬喰町1-10-6 プレクシードビル
☎（代表）03-3808-2727
○代 表 者：外池 榮一郎
○設　　立：1948年（創業1615年）
○従業員数：65名
○資 本 金：2億円
○事業内容：医薬部外品、化粧品などの製造・販売
○ホームページ：http://www.yanagiya-cosme.co.jp/

✼ 株式会社ヤマノビューティメイトグループ

○本社所在地：〒151-0053 東京都渋谷区代々木1-30-7 ヤマノ24ビル
☎（代表）03-3375-2424
○代 表 者：山野 幹夫
○設　　立：1971年
○従業員数：29名（グループ合計151名）
○資 本 金：3億5,800万円
○事業内容：化粧品研究・開発・製造事業、販売事業・サロン事業、人材・教育事業
○ホームページ：http://www.yamanobeatymate.com

✼ ユニリーバ・ジャパン株式会社

○本社所在地：〒153-8578 東京都目黒区上目黒2-1-1 中目黒GTタワー
☎（代表）03-5723-2211
【代表者】髙橋 康巳
○設　　立：1964年
○従業員数：約500名（グループ会社含む）
○資 本 金：5,000万円
○事業内容：パーソナルケア、ホームケア、食品の製品製造、品質管理および品質保証
○ホームページ：http://www.unilever.co.jp/

✻ ライオン株式会社

○本社所在地：〒130-8644 東京都墨田区本所1-3-7
☎（代表）03-3621-6211
○代 表 者：掬川 正純
○設　　立：1918年（創業1891年）
○従業員数：連結6,941名、単独2,727名
○資 本 金：344億3,372万円
○売 上 高：連結3,494億円、単独2,645億円
○事業内容：歯磨き、歯ブラシ、石けん、洗剤、ヘアケア・スキンケア製品、クッキング用品、薬品、化学品等の製造販売、海外現地会社への輸出
○ホームページ：http://www.lion.co.jp/

✻ レブロン株式会社

○本社所在地：〒102-0083 東京都千代田区麹町1-3 ニッセイ半蔵門ビル7階
☎（代表）03-5213-0514
○代 表 者：菅野 沙織
○設　　立：1963年
○従業員数：51名
○資 本 金：1億円
○事業内容：化粧品製造・輸入販売
○ホームページ：http://www.revlon-japan.com/

化粧品業界大研究［最新］

初版1刷発行●2019年3月31日

編　者

化粧品業界研究会

発行者

薗部良徳

発行所

㈱産学社

〒101-0061　東京都千代田区神田三崎町2-20-7　Tel.03(6272)9313　Fax.03(3515)3660

http://www.sangakusha.jp

印刷所

㈱ティーケー出版印刷

ISBN978-4-7825-3526-4　C0036